重点行业领域
重大事故隐患判定标准

本书编写组　编

应急管理出版社

·北　京·

图书在版编目（CIP）数据

重点行业领域重大事故隐患判定标准／本书编写组
编．－－北京：应急管理出版社，2023
　ISBN 978－7－5020－9964－0

　Ⅰ．①重…　Ⅱ．①本…　Ⅲ．①生产事故—判定—标
准—中国　Ⅳ．①X928.03

　中国国家版本馆 CIP 数据核字（2023）第 087670 号

重点行业领域重大事故隐患判定标准

编　　　者	本书编写组
责任编辑	罗秀全　赵金园
责任校对	孔青青
封面设计	解雅欣

出版发行　应急管理出版社（北京市朝阳区芍药居 35 号　100029）
电　　话　010－84657898（总编室）　010－84657880（读者服务部）
网　　址　www.cciph.com.cn
印　　刷　天津嘉恒印务有限公司
经　　销　全国新华书店

开　　本　710mm×1000mm$^1/_{16}$　**印张**　17$^3/_4$　**字数**　300 千字
版　　次　2023 年 5 月第 1 版　2023 年 5 月第 1 次印刷
社内编号　20230557　　　　　　**定价**　58.00 元

前　　言

近年来，我国安全生产形势总体稳定向好，但 2023 年以来先后发生了内蒙古阿拉善左旗"2·22"露天煤矿坍塌、北京丰台长峰医院"4·18"火灾等重大事故，给人民群众生命财产安全造成重大损失。为认真落实党的二十大精神，深入贯彻习近平总书记关于安全生产的重要指示批示精神，着力从根本上消除事故隐患、从根本上解决问题，推动安全生产治理模式向事前预防转变，坚决防范遏制重特大生产安全事故，国务院安委会于 4 月底印发了《全国重大事故隐患专项排查整治 2023 行动总体方案》，部署各地区、各有关部门单位和企业聚焦重大事故隐患深入开展排查整治。

为配合和服务全国重大事故隐患专项排查整治行动的开展，我们搜集了煤矿、非煤矿山、化工和危险化学品、烟花爆竹、工贸、消防、房屋市政工程、交通运输（含公路、水上、铁路、民航）、水利工程、水电站大坝工程、渔业船舶、农机、电力、船舶、特种设备、民爆等重点行业领域的重大事故隐患判定标准或重点检查事项，以及煤矿、非煤矿山和工贸三个行业重大事故隐患判定标准的解读，汇编形成了《重点行业领域重大事故隐患判定标准》，供有关部门和企事业单位使用和参考。

由于时间和水平所限，本书难免存在疏漏和不当之处，请广大读者批评指正。

编　者

2023 年 5 月

目　　录

第一部分 重大事故隐患判定标准文件

中华人民共和国应急管理部令

第 4 号

《煤矿重大事故隐患判定标准》已经 2020 年 11 月 2 日应急管理部第 31 次部务会议审议通过，现予公布，自 2021 年 1 月 1 日起施行。

部长 王玉普

2020 年 11 月 20 日

煤矿重大事故隐患判定标准

第一条 为了准确认定、及时消除煤矿重大事故隐患，根据《中华人民共和国安全生产法》和《国务院关于预防煤矿生产安全事故的特别规定》（国务院令第 446 号）等法律、行政法规，制定本标准。

第二条 本标准适用于判定各类煤矿重大事故隐患。

第三条 煤矿重大事故隐患包括下列 15 个方面：

（一）超能力、超强度或者超定员组织生产；

（二）瓦斯超限作业；

（三）煤与瓦斯突出矿井，未依照规定实施防突出措施；

（四）高瓦斯矿井未建立瓦斯抽采系统和监控系统，或者系统不能正常运行；

（五）通风系统不完善、不可靠；

（六）有严重水患，未采取有效措施；

（七）超层越界开采；

（八）有冲击地压危险，未采取有效措施；

（九）自然发火严重，未采取有效措施；

（十）使用明令禁止使用或者淘汰的设备、工艺；

（十一）煤矿没有双回路供电系统；

（十二）新建煤矿边建设边生产，煤矿改扩建期间，在改扩建的区域生产，或者在其他区域的生产超出安全设施设计规定的范围和规模；

（十三）煤矿实行整体承包生产经营后，未重新取得或者及时变更安全生产许可证而从事生产，或者承包方再次转包，以及将井下采掘工作面和井巷维修作业进行劳务承包；

（十四）煤矿改制期间，未明确安全生产责任人和安全管理机构，或者在完成改制后，未重新取得或者变更采矿许可证、安全生产许可证和营业执照；

（十五）其他重大事故隐患。

第四条 "超能力、超强度或者超定员组织生产"重大事故隐患，是指有下列情形之一的：

（一）煤矿全年原煤产量超过核定（设计）生产能力幅度在 10% 以上，或者月原煤产量大于核定（设计）生产能力的 10% 的；

（二）煤矿或其上级公司超过煤矿核定（设计）生产能力下达生产计划或者经营指标的；

（三）煤矿开拓、准备、回采煤量可采期小于国家规定的最短时间，未主动采取限产或者停产措施，仍然组织生产的（衰老煤矿和地方人民政府计划停产关闭煤矿除外）；

（四）煤矿井下同时生产的水平超过 2 个，或者一个采（盘）区内同时作业的采煤、煤（半煤岩）巷掘进工作面个数超过《煤矿安全规程》规定的；

（五）瓦斯抽采不达标组织生产的；

（六）煤矿未制定或者未严格执行井下劳动定员制度，或者采掘作业地点单班作业人数超过国家有关限员规定 20% 以上的。

第五条 "瓦斯超限作业"重大事故隐患，是指有下列情形之一的：

（一）瓦斯检查存在漏检、假检情况且进行作业的；

（二）井下瓦斯超限后继续作业或者未按照国家规定处置继续进行作业的；

（三）井下排放积聚瓦斯未按照国家规定制定并实施安全技术措施进行作业的。

第六条 "煤与瓦斯突出矿井，未依照规定实施防突出措施"重大事故隐患，是指有下列情形之一的：

（一）未设立防突机构并配备相应专业人员的；

（二）未建立地面永久瓦斯抽采系统或者系统不能正常运行的；

（三）未按照国家规定进行区域或者工作面突出危险性预测的（直接认定为突出危险区域或者突出危险工作面的除外）；

（四）未按照国家规定采取防治突出措施的；

（五）未按照国家规定进行防突措施效果检验和验证，或者防突措施效果检验和验证不达标仍然组织生产建设，或者防突措施效果检验和验证数据造假的；

（六）未按照国家规定采取安全防护措施的；

（七）使用架线式电机车的。

第七条　"高瓦斯矿井未建立瓦斯抽采系统和监控系统，或者系统不能正常运行"重大事故隐患，是指有下列情形之一的：

（一）按照《煤矿安全规程》规定应当建立而未建立瓦斯抽采系统或者系统不正常使用的；

（二）未按照国家规定安设、调校甲烷传感器，人为造成甲烷传感器失效，或者瓦斯超限后不能报警、断电或者断电范围不符合国家规定的。

第八条　"通风系统不完善、不可靠"重大事故隐患，是指有下列情形之一的：

（一）矿井总风量不足或者采掘工作面等主要用风地点风量不足的；

（二）没有备用主要通风机，或者两台主要通风机不具有同等能力的；

（三）违反《煤矿安全规程》规定采用串联通风的；

（四）未按照设计形成通风系统，或者生产水平和采（盘）区未实现分区通风的；

（五）高瓦斯、煤与瓦斯突出矿井的任一采（盘）区，开采容易自燃煤层、低瓦斯矿井开采煤层群和分层开采采用联合布置的采（盘）区，未设置专用回风巷，或者突出煤层工作面没有独立的回风系统的；

（六）进、回风井之间和主要进、回风巷之间联络巷中的风墙、风门不符合《煤矿安全规程》规定，造成风流短路的；

（七）采区进、回风巷未贯穿整个采区，或者虽贯穿整个采区但一段进风、一段回风，或者采用倾斜长壁布置，大巷未超前至少2个区段构成通风系统即开掘其他巷道的；

（八）煤巷、半煤岩巷和有瓦斯涌出的岩巷掘进未按照国家规定装备甲烷电、风电闭锁装置或者有关装置不能正常使用的；

（九）高瓦斯、煤（岩）与瓦斯（二氧化碳）突出矿井的煤巷、半煤岩巷和有瓦斯涌出的岩巷掘进工作面采用局部通风时，不能实现双风机、双电源且自动切换的；

（十）高瓦斯、煤（岩）与瓦斯（二氧化碳）突出建设矿井进入二期工程前，其他建设矿井进入三期工程前，没有形成地面主要通风机供风的全风压通风系统的。

第九条 "有严重水患，未采取有效措施"重大事故隐患，是指有下列情形之一的：

（一）未查明矿井水文地质条件和井田范围内采空区、废弃老窑积水等情况而组织生产建设的；

（二）水文地质类型复杂、极复杂的矿井未设置专门的防治水机构、未配备专门的探放水作业队伍，或者未配齐专用探放水设备的；

（三）在需要探放水的区域进行采掘作业未按照国家规定进行探放水的；

（四）未按照国家规定留设或者擅自开采（破坏）各种防隔水煤（岩）柱的；

（五）有突（透、溃）水征兆未撤出井下所有受水患威胁地点人员的；

（六）受地表水倒灌威胁的矿井在强降雨天气或其来水上游发生洪水期间未实施停产撤人的；

（七）建设矿井进入三期工程前，未按照设计建成永久排水系统，或者生产矿井延深到设计水平时，未建成防、排水系统而违规开拓掘进的；

（八）矿井主要排水系统水泵排水能力、管路和水仓容量不符合《煤矿安全规程》规定的；

（九）开采地表水体、老空水淹区域或者强含水层下急倾斜煤层，未按照国家规定消除水患威胁的。

第十条 "超层越界开采"重大事故隐患，是指有下列情形之一的：

（一）超出采矿许可证载明的开采煤层层位或者标高进行开采的；

（二）超出采矿许可证载明的坐标控制范围进行开采的；

（三）擅自开采（破坏）安全煤柱的。

第十一条 "有冲击地压危险，未采取有效措施"重大事故隐患，是指有下列情形之一的：

（一）未按照国家规定进行煤层（岩层）冲击倾向性鉴定，或者开采有冲击倾向性煤层未进行冲击危险性评价，或者开采冲击地压煤层，未进行采区、采掘工作面冲击危险性评价的；

（二）有冲击地压危险的矿井未设置专门的防冲机构、未配备专业人员或者未编制专门设计的；

（三）未进行冲击地压危险性预测，或者未进行防冲措施效果检验以及防冲措施效果检验不达标仍组织生产建设的；

（四）开采冲击地压煤层时，违规开采孤岛煤柱，采掘工作面位置、间距不符合国家规定，或者开采顺序不合理、采掘速度不符合国家规定、违反国家规定布置巷道或者留设煤（岩）柱造成应力集中的；

（五）未制定或者未严格执行冲击地压危险区域人员准入制度的。

第十二条 "自然发火严重，未采取有效措施"重大事故隐患，是指有下列情形之一的：

（一）开采容易自燃和自燃煤层的矿井，未编制防灭火专项设计或者未采取综合防灭火措施的；

（二）高瓦斯矿井采用放顶煤采煤法不能有效防治煤层自然发火的；

（三）有自然发火征兆没有采取相应的安全防范措施继续生产建设的；

（四）违反《煤矿安全规程》规定启封火区的。

第十三条 "使用明令禁止使用或者淘汰的设备、工艺"重大事故隐患，是指有下列情形之一的：

（一）使用被列入国家禁止井工煤矿使用的设备及工艺目录的产品或者工艺的；

（二）井下电气设备、电缆未取得煤矿矿用产品安全标志的；

（三）井下电气设备选型与矿井瓦斯等级不符，或者采（盘）区内防爆型电气设备存在失爆，或者井下使用非防爆无轨胶轮车的；

（四）未按照矿井瓦斯等级选用相应的煤矿许用炸药和雷管、未使用专用发爆器，或者裸露爆破的；

（五）采煤工作面不能保证 2 个畅通的安全出口的；

（六）高瓦斯矿井、煤与瓦斯突出矿井、开采容易自燃和自燃煤层（薄煤层除外）矿井，采煤工作面采用前进式采煤方法的。

第十四条 "煤矿没有双回路供电系统"重大事故隐患，是指有下列情形之一的：

（一）单回路供电的；

（二）有两回路电源线路但取自一个区域变电所同一母线段的；

（三）进入二期工程的高瓦斯、煤与瓦斯突出、水文地质类型为复杂和极复杂的建设矿井，以及进入三期工程的其他建设矿井，未形成两回路供电的。

第十五条 "新建煤矿边建设边生产，煤矿改扩建期间，在改扩建的区域生产，或者在其他区域的生产超出安全设施设计规定的范围和规模"重大事故隐患，是指有下列情形之一的：

（一）建设项目安全设施设计未经审查批准，或者审查批准后作出重大变更未经再次审查批准擅自组织施工的；

（二）新建煤矿在建设期间组织采煤的（经批准的联合试运转除外）；

（三）改扩建矿井在改扩建区域生产的；

（四）改扩建矿井在非改扩建区域超出设计规定范围和规模生产的。

第十六条 "煤矿实行整体承包生产经营后，未重新取得或者及时变更安全生产许可证而从事生产，或者承包方再次转包，以及将井下采掘工作面和井巷维修作业进行劳务承包"重大事故隐患，是指有下列情形之一的：

（一）煤矿未采取整体承包形式进行发包，或者将煤矿整体发包给不具有法人资格或者未取得合法有效营业执照的单位或者个人的；

（二）实行整体承包的煤矿，未签订安全生产管理协议，或者未按照国家规定约定双方安全生产管理职责而进行生产的；

（三）实行整体承包的煤矿，未重新取得或者变更安全生产许可证进行生产的；

（四）实行整体承包的煤矿，承包方再次将煤矿转包给其他单位或者个人的；

（五）井工煤矿将井下采掘作业或者井巷维修作业（井筒及井下新水平延深的井底车场、主运输、主通风、主排水、主要机电硐室开拓工程除外）作为独立工程发包给其他企业或者个人的，以及转包井下新水平延深开拓工程的。

第十七条 "煤矿改制期间，未明确安全生产责任人和安全管理机构，或者在完成改制后，未重新取得或者变更采矿许可证、安全生产许可证和营业执照"重大事故隐患，是指有下列情形之一的：

（一）改制期间，未明确安全生产责任人进行生产建设的；

（二）改制期间，未健全安全生产管理机构和配备安全管理人员进行生产建设的；

（三）完成改制后，未重新取得或者变更采矿许可证、安全生产许可证、营业执照而进行生产建设的。

第十八条 "其他重大事故隐患"，是指有下列情形之一的：

（一）未分别配备专职的矿长、总工程师和分管安全、生产、机电的副矿长，以及负责采煤、掘进、机电运输、通风、地测、防治水工作的专业技术人员的；

（二）未按照国家规定足额提取或者未按照国家规定范围使用安全生产费用的；

（三）未按照国家规定进行瓦斯等级鉴定，或者瓦斯等级鉴定弄虚作假的；

（四）出现瓦斯动力现象，或者相邻矿井开采的同一煤层发生了突出事故，或者被鉴定、认定为突出煤层，以及煤层瓦斯压力达到或者超过 0.74 MPa 的非突出矿井，未立即按照突出煤层管理并在国家规定期限内进行突出危险性鉴定的（直接认定为突出矿井的除外）；

（五）图纸作假、隐瞒采掘工作面，提供虚假信息、隐瞒下井人数，或者矿长、总工程师（技术负责人）履行安全生产岗位责任制及管理制度时伪造记录，弄虚作假的；

（六）矿井未安装安全监控系统、人员位置监测系统或者系统不能正常运行，以及对系统数据进行修改、删除及屏蔽，或者煤与瓦斯突出矿井存在第七条第二项情形的；

（七）提升（运送）人员的提升机未按照《煤矿安全规程》规定安装保护装置，或者保护装置失效，或者超员运行的；

（八）带式输送机的输送带入井前未经过第三方阻燃和抗静电性能试验，或者试验不合格入井，或者输送带防打滑、跑偏、堆煤等保护装置或者温度、烟雾监测装置失效的；

（九）掘进工作面后部巷道或者独头巷道维修（着火点、高温点处理）时，维修（处理）点以里继续掘进或者有人员进入，或者采掘工作面未按照国家规定安设压风、供水、通信线路及装置的；

（十）露天煤矿边坡角大于设计最大值，或者边坡发生严重变形未及时采取措施进行治理的；

（十一）国家矿山安全监察机构认定的其他重大事故隐患。

第十九条　本标准所称的国家规定，是指有关法律、行政法规、部门规章、国家标准、行业标准，以及国务院及其应急管理部门、国家矿山安全监察机构依法制定的行政规范性文件。

第二十条　本标准自 2021 年 1 月 1 日起施行。原国家安全生产监督管理总局 2015 年 12 月 3 日公布的《煤矿重大生产安全事故隐患判定标准》（国家安全生产监督管理总局令第 85 号）同时废止。

国家矿山安全监察局关于印发
《金属非金属矿山重大事故隐患
判定标准》的通知

矿安〔2022〕88号

各省、自治区、直辖市应急管理厅（局），新疆生产建设兵团应急管理局，国家矿山安全监察局各省级局，有关中央企业：

《金属非金属矿山重大事故隐患判定标准》已经国家矿山安全监察局2022年第14次局务会议审议通过，现印发给你们，请遵照执行。

本规定自2022年9月1日起施行。经应急管理部同意，原国家安全监管总局印发的《金属非金属矿山重大生产安全事故隐患判定标准（试行）》（安监总管一〔2017〕98号）同时废止。

国家矿山安全监察局

2022年7月8日

金属非金属矿山重大事故隐患判定标准

一、金属非金属地下矿山重大事故隐患

（一）安全出口存在下列情形之一的：

1. 矿井直达地面的独立安全出口少于2个，或者与设计不一致；

2. 矿井只有两个独立直达地面的安全出口且安全出口的间距小于30米，或者矿体一翼走向长度超过1000米且未在此翼设置安全出口；

3. 矿井的全部安全出口均为竖井且竖井内均未设置梯子间，或者作为主要

安全出口的罐笼提升井只有 1 套提升系统且未设梯子间；

4. 主要生产中段（水平）、单个采区、盘区或者矿块的安全出口少于 2 个，或者未与通往地面的安全出口相通；

5. 安全出口出现堵塞或者其梯子、踏步等设施不能正常使用，导致安全出口不畅通。

（二）使用国家明令禁止使用的设备、材料或者工艺。

（三）不同矿权主体的相邻矿山井巷相互贯通，或者同一矿权主体相邻独立生产系统的井巷擅自贯通。

（四）地下矿山现状图纸存在下列情形之一的：

1. 未保存《金属非金属矿山安全规程》（GB 16423—2020）第 4.1.10 条规定的图纸，或者生产矿山每 3 个月、基建矿山每 1 个月未更新上述图纸；

2. 岩体移动范围内的地面建构筑物、运输道路及沟谷河流与实际不符；

3. 开拓工程和采准工程的井巷或者井下采区与实际不符；

4. 相邻矿山采区位置关系与实际不符；

5. 采空区和废弃井巷的位置、处理方式、现状，以及地表塌陷区的位置与实际不符。

（五）露天转地下开采存在下列情形之一的：

1. 未按设计采取防排水措施；

2. 露天与地下联合开采时，回采顺序与设计不符；

3. 未按设计采取留设安全顶柱或者岩石垫层等防护措施。

（六）矿区及其附近的地表水或者大气降水危及井下安全时，未按设计采取防治水措施。

（七）井下主要排水系统存在下列情形之一的：

1. 排水泵数量少于 3 台，或者工作水泵、备用水泵的额定排水能力低于设计要求；

2. 井巷中未按设计设置工作和备用排水管路，或者排水管路与水泵未有效连接；

3. 井下最低中段的主水泵房通往中段巷道的出口未装设防水门，或者另外一个出口未高于水泵房地面 7 米以上；

4. 利用采空区或者其他废弃巷道作为水仓。

（八）井口标高未达到当地历史最高洪水位 1 米以上，且未按设计采取相应防护措施。

（九）水文地质类型为中等或者复杂的矿井，存在下列情形之一的：

1. 未配备防治水专业技术人员；

2. 未设置防治水机构，或者未建立探放水队伍；

3. 未配齐专用探放水设备，或者未按设计进行探放水作业。

（十）水文地质类型复杂的矿山存在下列情形之一的：

1. 关键巷道防水门设置与设计不符；

2. 主要排水系统的水仓与水泵房之间的隔墙或者配水阀未按设计设置。

（十一）在突水威胁区域或者可疑区域进行采掘作业，存在下列情形之一的：

1. 未编制防治水技术方案，或者未在施工前制定专门的施工安全技术措施；

2. 未超前探放水，或者超前钻孔的数量、深度低于设计要求，或者超前钻孔方位不符合设计要求。

（十二）受地表水倒灌威胁的矿井在强降雨天气或者其来水上游发生洪水期间，未实施停产撤人。

（十三）有自然发火危险的矿山，存在下列情形之一的：

1. 未安装井下环境监测系统，实现自动监测与报警；

2. 未按设计或者国家标准、行业标准采取防灭火措施；

3. 发现自然发火预兆，未采取有效处理措施。

（十四）相邻矿山开采岩体移动范围存在交叉重叠等相互影响时，未按设计留设保安矿（岩）柱或者采取其他措施。

（十五）地表设施设置存在下列情形之一，未按设计采取有效安全措施的：

1. 岩体移动范围内存在居民村庄或者重要设备设施；

2. 主要开拓工程出入口易受地表滑坡、滚石、泥石流等地质灾害影响。

（十六）保安矿（岩）柱或者采场矿柱存在下列情形之一的：

1. 未按设计留设矿（岩）柱；

2. 未按设计回采矿柱；

3. 擅自开采、损毁矿（岩）柱。

（十七）未按设计要求的处理方式或者时间对采空区进行处理。

（十八）工程地质类型复杂、有严重地压活动的矿山存在下列情形之一的：

1. 未设置专门机构、配备专门人员负责地压防治工作；

2. 未制定防治地压灾害的专门技术措施；

3. 发现大面积地压活动预兆，未立即停止作业、撤出人员。

（十九）巷道或者采场顶板未按设计采取支护措施。

（二十）矿井未采用机械通风，或者采用机械通风的矿井存在下列情形之一的：

1. 在正常生产情况下，主通风机未连续运转；

2. 主通风机发生故障或者停机检查时，未立即向调度室和企业主要负责人报告，或者未采取必要安全措施；

3. 主通风机未按规定配备备用电动机，或者未配备能迅速调换电动机的设备及工具；

4. 作业工作面风速、风量、风质不符合国家标准或者行业标准要求；

5. 未设置通风系统在线监测系统的矿井，未按国家标准规定每年对通风系统进行 1 次检测；

6. 主通风设施不能在 10 分钟之内实现矿井反风，或者反风试验周期超过 1 年。

（二十一）未配齐或者随身携带具有矿用产品安全标志的便携式气体检测报警仪和自救器，或者从业人员不能正确使用自救器。

（二十二）担负提升人员的提升系统，存在下列情形之一的：

1. 提升机、防坠器、钢丝绳、连接装置、提升容器未按国家规定进行定期检测检验，或者提升设备的安全保护装置失效；

2. 竖井井口和井下各中段马头门设置的安全门或者摇台与提升机未实现联锁；

3. 竖井提升系统过卷段未按国家规定设置过卷缓冲装置、楔形罐道、过卷挡梁或者不能正常使用，或者提升人员的罐笼提升系统未按国家规定在井架或者井塔的过卷段内设置罐笼防坠装置；

4. 斜井串车提升系统未按国家规定设置常闭式防跑车装置、阻车器、挡车栏，或者连接链、连接插销不符合国家规定；

5. 斜井提升信号系统与提升机之间未实现闭锁。

（二十三）井下无轨运人车辆存在下列情形之一的：

1. 未取得金属非金属矿山矿用产品安全标志；

2. 载人数量超过 25 人或者超过核载人数；

3. 制动系统采用干式制动器，或者未同时配备行车制动系统、驻车制动系统和应急制动系统；

4. 未按国家规定对车辆进行检测检验。

（二十四）一级负荷未采用双重电源供电，或者双重电源中的任一电源不能满足全部一级负荷需要。

（二十五）向井下采场供电的 6 kV~35 kV 系统的中性点采用直接接地。

（二十六）工程地质或者水文地质类型复杂的矿山，井巷工程施工未进行施工组织设计，或者未按施工组织设计落实安全措施。

（二十七）新建、改扩建矿山建设项目有下列行为之一的：

1. 安全设施设计未经批准，或者批准后出现重大变更未经再次批准擅自组织施工；

2. 在竣工验收前组织生产，经批准的联合试运转除外。

（二十八）矿山企业违反国家有关工程项目发包规定，有下列行为之一的：

1. 将工程项目发包给不具有法定资质和条件的单位，或者承包单位数量超过国家规定的数量；

2. 承包单位项目部的负责人、安全生产管理人员、专业技术人员、特种作业人员不符合国家规定的数量、条件或者不属于承包单位正式职工。

（二十九）井下或者井口动火作业未按国家规定落实审批制度或者安全措施。

（三十）矿山年产量超过矿山设计年生产能力幅度在 20% 及以上，或者月产量大于矿山设计年生产能力的 20% 及以上。

（三十一）矿井未建立安全监测监控系统、人员定位系统、通信联络系统，或者已经建立的系统不符合国家有关规定，或者系统运行不正常未及时修复，或者关闭、破坏该系统，或者篡改、隐瞒、销毁其相关数据、信息。

（三十二）未配备具有矿山相关专业的专职矿长、总工程师以及分管安全、生产、机电的副矿长，或者未配备具有采矿、地质、测量、机电等专业的技术人员。

二、金属非金属露天矿山重大事故隐患

（一）地下开采转露天开采前，未探明采空区和溶洞，或者未按设计处理对露天开采安全有威胁的采空区和溶洞。

（二）使用国家明令禁止使用的设备、材料或者工艺。

（三）未采用自上而下的开采顺序分台阶或者分层开采。

（四）工作帮坡角大于设计工作帮坡角，或者最终边坡台阶高度超过设计高度。

（五）开采或者破坏设计要求保留的矿（岩）柱或者挂帮矿体。

（六）未按有关国家标准或者行业标准对采场边坡、排土场边坡进行稳定性分析。

（七）边坡存在下列情形之一的：

1. 高度 200 米及以上的采场边坡未进行在线监测；

2. 高度 200 米及以上的排土场边坡未建立边坡稳定监测系统；

3. 关闭、破坏监测系统或者隐瞒、篡改、销毁其相关数据、信息。

（八）边坡出现滑移现象，存在下列情形之一的：

1. 边坡出现横向及纵向放射状裂缝；

2. 坡体前缘坡脚处出现上隆（凸起）现象，后缘的裂缝急剧扩展；

3. 位移观测资料显示的水平位移量或者垂直位移量出现加速变化的趋势。

（九）运输道路坡度大于设计坡度 10% 以上。

（十）凹陷露天矿山未按设计建设防洪、排洪设施。

（十一）排土场存在下列情形之一的：

1. 在平均坡度大于 1∶5 的地基上顺坡排土，未按设计采取安全措施；

2. 排土场总堆置高度 2 倍范围以内有人员密集场所，未按设计采取安全措施；

3. 山坡排土场周围未按设计修筑截、排水设施。

（十二）露天采场未按设计设置安全平台和清扫平台。

（十三）擅自对在用排土场进行回采作业。

三、尾矿库重大事故隐患

（一）库区或者尾矿坝上存在未按设计进行开采、挖掘、爆破等危及尾矿库安全的活动。

（二）坝体存在下列情形之一的：

1. 坝体出现严重的管涌、流土变形等现象；

2. 坝体出现贯穿性裂缝、坍塌、滑动迹象；

3. 坝体出现大面积纵向裂缝，且出现较大范围渗透水高位出逸或者大面积沼泽化。

（三）坝体的平均外坡比或者堆积子坝的外坡比陡于设计坡比。

（四）坝体高度超过设计总坝高，或者尾矿库超过设计库容贮存尾矿。

（五）尾矿堆积坝上升速率大于设计堆积上升速率。

（六）采用尾矿堆坝的尾矿库，未按《尾矿库安全规程》（GB 39496—2020）第6.1.9条规定对尾矿坝做全面的安全性复核。

（七）浸润线埋深小于控制浸润线埋深。

（八）汛前未按国家有关规定对尾矿库进行调洪演算，或者湿式尾矿库防洪高度和干滩长度小于设计值，或者干式尾矿库防洪高度和防洪宽度小于设计值。

（九）排洪系统存在下列情形之一的：

1. 排水井、排水斜槽、排水管、排水隧洞、拱板、盖板等排洪建构筑物混凝土厚度、强度或者型式不满足设计要求；

2. 排洪设施部分堵塞或者坍塌、排水井有所倾斜，排水能力有所降低，达不到设计要求；

3. 排洪构筑物终止使用时，封堵措施不满足设计要求。

（十）设计以外的尾矿、废料或者废水进库。

（十一）多种矿石性质不同的尾砂混合排放时，未按设计进行排放。

（十二）冬季未按设计要求的冰下放矿方式进行放矿作业。

（十三）安全监测系统存在下列情形之一的：

1. 未按设计设置安全监测系统；

2. 安全监测系统运行不正常未及时修复；

3. 关闭、破坏安全监测系统，或者篡改、隐瞒、销毁其相关数据、信息。

（十四）干式尾矿库存在下列情形之一的：

1. 入库尾矿的含水率大于设计值，无法进行正常碾压且未设置可靠的防范措施；

2. 堆存推进方向与设计不一致；

3. 分层厚度或者台阶高度大于设计值；

4. 未按设计要求进行碾压。

（十五）经验算，坝体抗滑稳定最小安全系数小于国家标准规定值的0.98倍。

（十六）三等及以上尾矿库及"头顶库"未按设计设置通往坝顶、排洪系统附近的应急道路，或者应急道路无法满足应急抢险时通行和运送应急物资的需求。

（十七）尾矿库回采存在下列情形之一的：

1. 未经批准擅自回采；

2. 回采方式、顺序、单层开采高度、台阶坡面角不符合设计要求；

3. 同时进行回采和排放。

（十八）用以贮存独立选矿厂进行矿石选别后排出尾矿的场所，未按尾矿库实施安全管理的。

（十九）未按国家规定配备专职安全生产管理人员、专业技术人员和特种作业人员。

国家安全监管总局关于印发《化工和危险化学品生产经营单位重大生产安全事故隐患判定标准（试行）》和《烟花爆竹生产经营单位重大生产安全事故隐患判定标准（试行）》的通知

安监总管三〔2017〕121号

各省、自治区、直辖市及新疆生产建设兵团安全生产监督管理局，有关中央企业：

为准确判定、及时整改化工和危险化学品生产经营单位及烟花爆竹生产经营单位重大生产安全事故隐患，有效防范遏制重特大生产安全事故，根据《安全生产法》和《中共中央　国务院关于推进安全生产领域改革发展的意见》，国家安全监管总局制定了《化工和危险化学品生产经营单位重大生产安全事故隐患判定标准（试行）》和《烟花爆竹生产经营单位重大生产安全事故隐患判定标准（试行）》（以下简称《判定标准》），现印发给你们，请遵照执行。

请各省级安全监管局、有关中央企业及时将本通知要求传达至辖区内各级安全监管部门和有关生产经营单位。各级安全监管部门要按照有关法律法规规定，将《判定标准》作为执法检查的重要依据，强化执法检查，建立健全重大生产安全事故隐患治理督办制度，督促生产经营单位及时消除重大生产安全事故隐患。

国家安全监管总局

2017 年 11 月 13 日

化工和危险化学品生产经营单位重大生产安全事故隐患判定标准（试行）

依据有关法律法规、部门规章和国家标准，以下情形应当判定为重大事故隐患：

一、危险化学品生产、经营单位主要负责人和安全生产管理人员未依法经考核合格。

二、特种作业人员未持证上岗。

三、涉及"两重点一重大"的生产装置、储存设施外部安全防护距离不符合国家标准要求。

四、涉及重点监管危险化工工艺的装置未实现自动化控制，系统未实现紧急停车功能，装备的自动化控制系统、紧急停车系统未投入使用。

五、构成一级、二级重大危险源的危险化学品罐区未实现紧急切断功能；涉及毒性气体、液化气体、剧毒液体的一级、二级重大危险源的危险化学品罐区未配备独立的安全仪表系统。

六、全压力式液化烃储罐未按国家标准设置注水措施。

七、液化烃、液氨、液氯等易燃易爆、有毒有害液化气体的充装未使用万向管道充装系统。

八、光气、氯气等剧毒气体及硫化氢气体管道穿越除厂区（包括化工园区、工业园区）外的公共区域。

九、地区架空电力线路穿越生产区且不符合国家标准要求。

十、在役化工装置未经正规设计且未进行安全设计诊断。

十一、使用淘汰落后安全技术工艺、设备目录列出的工艺、设备。

十二、涉及可燃和有毒有害气体泄漏的场所未按国家标准设置检测报警装置，爆炸危险场所未按国家标准安装使用防爆电气设备。

十三、控制室或机柜间面向具有火灾、爆炸危险性装置一侧不满足国家标准关于防火防爆的要求。

十四、化工生产装置未按国家标准要求设置双重电源供电，自动化控制系统未设置不间断电源。

十五、安全阀、爆破片等安全附件未正常投用。

十六、未建立与岗位相匹配的全员安全生产责任制或者未制定实施生产安全事故隐患排查治理制度。

十七、未制定操作规程和工艺控制指标。

十八、未按照国家标准制定动火、进入受限空间等特殊作业管理制度，或者制度未有效执行。

十九、新开发的危险化学品生产工艺未经小试、中试、工业化试验直接进行工业化生产；国内首次使用的化工工艺未经过省级人民政府有关部门组织的安全可靠性论证；新建装置未制定试生产方案投料开车；精细化工企业未按规范性文件要求开展反应安全风险评估。

二十、未按国家标准分区分类储存危险化学品，超量、超品种储存危险化学品，相互禁配物质混放混存。

烟花爆竹生产经营单位重大生产安全事故隐患判定标准（试行）

依据有关法律法规、部门规章和国家标准，以下情形应当判定为重大事故隐患：

一、主要负责人、安全生产管理人员未依法经考核合格。

二、特种作业人员未持证上岗，作业人员带药检维修设备设施。

三、职工自行携带工器具、机器设备进厂进行涉药作业。

四、工（库）房实际作业人员数量超过核定人数。

五、工（库）房实际滞留、存储药量超过核定药量。

六、工（库）房内、外部安全距离不足，防护屏障缺失或者不符合要求。

七、防静电、防火、防雷设备设施缺失或者失效。

八、擅自改变工（库）房用途或者违规私搭乱建。

九、工厂围墙缺失或者分区设置不符合国家标准。

十、将氧化剂、还原剂同库储存、违规预混或者在同一工房内粉碎、称量。

十一、在用涉药机械设备未经安全性论证或者擅自更改、改变用途。

十二、中转库、药物总库和成品总库的存储能力与设计产能不匹配。

十三、未建立与岗位相匹配的全员安全生产责任制或者未制定实施生产安全事故隐患排查治理制度。

十四、出租、出借、转让、买卖、冒用或者伪造许可证。

十五、生产经营的产品种类、危险等级超许可范围或者生产使用违禁药物。

十六、分包转包生产线、工房、库房组织生产经营。

十七、一证多厂或者多股东各自独立组织生产经营。

十八、许可证过期、整顿改造、恶劣天气等停产停业期间组织生产经营。

十九、烟花爆竹仓库存放其它爆炸物等危险物品或者生产经营违禁超标产品。

二十、零售点与居民居住场所设置在同一建筑物内或者在零售场所使用明火。

中华人民共和国应急管理部令

第 10 号

《工贸企业重大事故隐患判定标准》已经2023年3月20日应急管理部第7次部务会议审议通过，现予公布，自2023年5月15日起施行。

部长　王祥喜

2023 年 4 月 14 日

工贸企业重大事故隐患判定标准

第一条　为了准确判定、及时消除工贸企业重大事故隐患（以下简称重大事故隐患），根据《中华人民共和国安全生产法》等法律、行政法规，制定本标准。

第二条　本标准适用于判定冶金、有色、建材、机械、轻工、纺织、烟草、商贸等工贸企业重大事故隐患。工贸企业内涉及危险化学品、消防（火灾）、燃气、特种设备等方面的重大事故隐患判定另有规定的，适用其规定。

第三条　工贸企业有下列情形之一的，应当判定为重大事故隐患：

（一）未对承包单位、承租单位的安全生产工作统一协调、管理，或者未定期进行安全检查的；

（二）特种作业人员未按照规定经专门的安全作业培训并取得相应资格，上岗作业的；

（三）金属冶炼企业主要负责人、安全生产管理人员未按照规定经考核合格的。

第四条　冶金企业有下列情形之一的，应当判定为重大事故隐患：

（一）会议室、活动室、休息室、操作室、交接班室、更衣室（含澡堂）等6类人员聚集场所，以及钢铁水罐冷（热）修工位设置在铁水、钢水、液渣吊运跨的地坪区域内的；

（二）生产期间冶炼、精炼和铸造生产区域的事故坑、炉下渣坑，以及熔融金属泄漏和喷溅影响范围内的炉前平台、炉基区域、厂房内吊运和地面运输通道等 6 类区域存在积水的；

（三）炼钢连铸流程未设置事故钢水罐、中间罐漏钢坑（槽）、中间罐溢流坑（槽）、漏钢回转溜槽，或者模铸流程未设置事故钢水罐（坑、槽）的；

（四）转炉、电弧炉、AOD 炉、LF 炉、RH 炉、VOD 炉等炼钢炉的水冷元件未设置出水温度、进出水流量差等监测报警装置，或者监测报警装置未与炉体倾动、氧（副）枪自动提升、电极自动断电和升起装置联锁的；

（五）高炉生产期间炉顶工作压力设定值超过设计文件规定的最高工作压力，或者炉顶工作压力监测装置未与炉顶放散阀联锁，或者炉顶放散阀的联锁放散压力设定值超过设备设计压力值的；

（六）煤气生产、回收净化、加压混合、储存、使用设施附近的会议室、活动室、休息室、操作室、交接班室、更衣室等 6 类人员聚集场所，以及可能发生煤气泄漏、积聚的场所和部位未设置固定式一氧化碳浓度监测报警装置，或者监测数据未接入 24 小时有人值守场所的；

（七）加热炉、煤气柜、除尘器、加压机、烘烤器等设施，以及进入车间前的煤气管道未安装隔断装置的；

（八）正压煤气输配管线水封式排水器的最高封堵煤气压力小于 30 kPa，或者同一煤气管道隔断装置的两侧共用一个排水器，或者不同煤气管道排水器上部的排水管连通，或者不同介质的煤气管道共用一个排水器的。

第五条　有色企业有下列情形之一的，应当判定为重大事故隐患：

（一）会议室、活动室、休息室、操作室、交接班室、更衣室（含澡堂）等 6 类人员聚集场所设置在熔融金属吊运跨的地坪区域内的；

（二）生产期间冶炼、精炼、铸造生产区域的事故坑、炉下渣坑，以及熔融金属泄漏、喷溅影响范围内的炉前平台、炉基区域、厂房内吊运和地面运输通道等 6 类区域存在非生产性积水的；

（三）熔融金属铸造环节未设置紧急排放和应急储存设施的（倾动式熔炼炉、倾动式保温炉、倾动式熔保一体炉、带保温炉的固定式熔炼炉除外）；

（四）采用水冷冷却的冶炼炉窑、铸造机（铝加工深井铸造工艺的结晶器除外）、加热炉未设置应急水源的；

（五）熔融金属冶炼炉窑的闭路循环水冷元件未设置出水温度、进出水流量差监测报警装置，或者开路水冷元件未设置进水流量、压力监测报警装置，或者未监测开路水冷元件出水温度的；

（六）铝加工深井铸造工艺的结晶器冷却水系统未设置进水压力、进水流量监测报警装置，或者监测报警装置未与快速切断阀、紧急排放阀、流槽断开装置联锁，或者监测报警装置未与倾动式浇铸炉控制系统联锁的；

（七）铝加工深井铸造工艺的浇铸炉铝液出口流槽、流槽与模盘（分配流槽）入口连接处未设置液位监测报警装置，或者固定式浇铸炉的铝液出口未设置机械锁紧装置的；

（八）铝加工深井铸造工艺的固定式浇铸炉的铝液流槽未设置紧急排放阀，或者流槽与模盘（分配流槽）入口连接处未设置快速切断阀（断开装置），或者流槽与模盘（分配流槽）入口连接处的液位监测报警装置未与快速切断阀（断开装置）、紧急排放阀联锁的；

（九）铝加工深井铸造工艺的倾动式浇铸炉流槽与模盘（分配流槽）入口连接处未设置快速切断阀（断开装置），或者流槽与模盘（分配流槽）入口连接处的液位监测报警装置未与浇铸炉倾动控制系统、快速切断阀（断开装置）联锁的；

（十）铝加工深井铸造机钢丝卷扬系统选用非钢芯钢丝绳，或者未落实钢丝绳定期检查、更换制度的；

（十一）可能发生一氧化碳、砷化氢、氯气、硫化氢等 4 种有毒气体泄漏、积聚的场所和部位未设置固定式气体浓度监测报警装置，或者监测数据未接入24 小时有人值守场所，或者未对可能有砷化氢气体的场所和部位采取同等效果的检测措施的；

（十二）使用煤气（天然气）并强制送风的燃烧装置的燃气总管未设置压力监测报警装置，或者监测报警装置未与紧急自动切断装置联锁的；

（十三）正压煤气输配管线水封式排水器的最高封堵煤气压力小于 30 kPa，或者同一煤气管道隔断装置的两侧共用一个排水器，或者不同煤气管道排水器上部的排水管连通，或者不同介质的煤气管道共用一个排水器的。

第六条　建材企业有下列情形之一的，应当判定为重大事故隐患：

（一）煤磨袋式收尘器、煤粉仓未设置温度和固定式一氧化碳浓度监测报警装置，或者未设置气体灭火装置的；

（二）筒型储库人工清库作业未落实清库方案中防止高处坠落、坍塌等安全措施的；

（三）水泥企业电石渣原料筒型储库未设置固定式可燃气体浓度监测报警装置，或者监测报警装置未与事故通风装置联锁的；

（四）进入筒型储库、焙烧窑、预热器旋风筒、分解炉、竖炉、箆冷机、磨机、破碎机前，未对可能意外启动的设备和涌入的物料、高温气体、有毒有害气体等采取隔离措施，或者未落实防止高处坠落、坍塌等安全措施的；

（五）采用预混燃烧方式的燃气窑炉（热发生炉煤气窑炉除外）的燃气总管未设置管道压力监测报警装置，或者监测报警装置未与紧急自动切断装置联锁的；

（六）制氢站、氮氢保护气体配气间、燃气配气间等3类场所未设置固定式可燃气体浓度监测报警装置的；

（七）电熔制品电炉的水冷设备失效的；

（八）玻璃窑炉、玻璃锡槽等设备未设置水冷和风冷保护系统的监测报警装置的。

第七条 机械企业有下列情形之一的，应当判定为重大事故隐患：

（一）会议室、活动室、休息室、更衣室、交接班室等5类人员聚集场所设置在熔融金属吊运跨或者浇注跨的地坪区域内的；

（二）铸造用熔炼炉、精炼炉、保温炉未设置紧急排放和应急储存设施的；

（三）生产期间铸造用熔炼炉、精炼炉、保温炉的炉底、炉坑和事故坑，以及熔融金属泄漏、喷溅影响范围内的炉前平台、炉基区域、造型地坑、浇注作业坑和熔融金属转运通道等8类区域存在积水的；

（四）铸造用熔炼炉、精炼炉、压铸机、氧枪的冷却水系统未设置出水温度、进出水流量差监测报警装置，或者监测报警装置未与熔融金属加热、输送控制系统联锁的；

（五）使用煤气（天然气）的燃烧装置的燃气总管未设置管道压力监测报警装置，或者监测报警装置未与紧急自动切断装置联锁，或者燃烧装置未设置火焰监测和熄火保护系统的；

（六）使用可燃性有机溶剂清洗设备设施、工装器具、地面时，未采取防止可燃气体在周边密闭或者半密闭空间内积聚措施的；

（七）使用非水性漆的调漆间、喷漆室未设置固定式可燃气体浓度监测报警装置或者通风设施的。

第八条 轻工企业有下列情形之一的，应当判定为重大事故隐患：

（一）食品制造企业烘制、油炸设备未设置防过热自动切断装置的；

（二）白酒勾兑、灌装场所和酒库未设置固定式乙醇蒸气浓度监测报警装置，或者监测报警装置未与通风设施联锁的；

（三）纸浆制造、造纸企业使用蒸气、明火直接加热钢瓶汽化液氯的；

（四）日用玻璃、陶瓷制造企业采用预混燃烧方式的燃气窑炉（热发生炉煤气窑炉除外）的燃气总管未设置管道压力监测报警装置，或者监测报警装置未与紧急自动切断装置联锁的；

（五）日用玻璃制造企业玻璃窑炉的冷却保护系统未设置监测报警装置的；

（六）使用非水性漆的调漆间、喷漆室未设置固定式可燃气体浓度监测报警装置或者通风设施的；

（七）锂离子电池储存仓库未对故障电池采取有效物理隔离措施的。

第九条 纺织企业有下列情形之一的，应当判定为重大事故隐患：

（一）纱、线、织物加工的烧毛、开幅、烘干等热定型工艺的汽化室、燃气贮罐、储油罐、热媒炉，未与生产加工等人员聚集场所隔开或者单独设置的；

（二）保险粉、双氧水、次氯酸钠、亚氯酸钠、雕白粉（吊白块）与禁忌物料混合储存，或者保险粉储存场所未采取防水防潮措施的。

第十条 烟草企业有下列情形之一的，应当判定为重大事故隐患：

（一）熏蒸作业场所未配备磷化氢气体浓度监测报警仪器，或者未配备防毒面具，或者熏蒸杀虫作业前未确认无关人员全部撤离熏蒸作业场所的；

（二）使用液态二氧化碳制造膨胀烟丝的生产线和场所未设置固定式二氧化碳浓度监测报警装置，或者监测报警装置未与事故通风设施联锁的。

第十一条 存在粉尘爆炸危险的工贸企业有下列情形之一的，应当判定为重大事故隐患：

（一）粉尘爆炸危险场所设置在非框架结构的多层建（构）筑物内，或者粉尘爆炸危险场所内设有员工宿舍、会议室、办公室、休息室等人员聚集场所的；

（二）不同类别的可燃性粉尘、可燃性粉尘与可燃气体等易加剧爆炸危险的介质共用一套除尘系统，或者不同建（构）筑物、不同防火分区共用一套除尘系统、除尘系统互联互通的；

（三）干式除尘系统未采取泄爆、惰化、抑爆等任一种爆炸防控措施的；

（四）铝镁等金属粉尘除尘系统采用正压除尘方式，或者其他可燃性粉尘除尘系统采用正压吹送粉尘时，未采取火花探测消除等防范点燃源措施的；

（五）除尘系统采用重力沉降室除尘，或者采用干式巷道式构筑物作为除尘风道的；

（六）铝镁等金属粉尘、木质粉尘的干式除尘系统未设置锁气卸灰装置的；

（七）除尘器、收尘仓等划分为 20 区的粉尘爆炸危险场所电气设备不符合防爆要求的；

（八）粉碎、研磨、造粒等易产生机械点燃源的工艺设备前，未设置铁、石等杂物去除装置，或者木制品加工企业与砂光机连接的风管未设置火花探测消除装置的；

（九）遇湿自燃金属粉尘收集、堆放、储存场所未采取通风等防止氢气积聚措施，或者干式收集、堆放、储存场所未采取防水、防潮措施的；

（十）未落实粉尘清理制度，造成作业现场积尘严重的。

第十二条　使用液氨制冷的工贸企业有下列情形之一的，应当判定为重大事故隐患：

（一）包装、分割、产品整理场所的空调系统采用氨直接蒸发制冷的；

（二）快速冻结装置未设置在单独的作业间内，或者快速冻结装置作业间内作业人员数量超过 9 人的。

第十三条　存在硫化氢、一氧化碳等中毒风险的有限空间作业的工贸企业有下列情形之一的，应当判定为重大事故隐患：

（一）未对有限空间进行辨识、建立安全管理台账，并且未设置明显的安全警示标志的；

（二）未落实有限空间作业审批，或者未执行"先通风、再检测、后作业"要求，或者作业现场未设置监护人员的。

第十四条　本标准所列情形中直接关系生产安全的监控、报警、防护等设施、设备、装置，应当保证正常运行、使用，失效或者无效均判定为重大事故隐患。

第十五条　本标准自 2023 年 5 月 15 日起施行。《工贸行业重大生产安全事故隐患判定标准（2017 版）》（安监总管四〔2017〕129 号）同时废止。

重大火灾隐患判定方法

GB 35181—2017

1 范围

本标准规定了重大火灾隐患的术语和定义、判定原则和程序、判定方法、直接判定要素和综合判定要素等。

本标准适用于城乡消防安全布局、公共消防设施、在用工业与民用建筑（包括人民防空工程）及相关场所因违反消防法律法规、不符合消防技术标准而形成的重大火灾隐患的判定。

2 规范性引用文件

下列文件对于本文件的应用是必不可少的。凡是注日期的引用文件，仅注日期的版本适用于本文件。凡是不注日期的引用文件，其最新版本（包括所有的修改单）适用于本文件。

GB/T 5907（所有部分） 消防词汇

GB 8624 建筑材料及制品燃烧性能分级

GB 13690 化学品分类和危险性公示 通则

GB 25506 消防控制室通用技术要求

GB 50016 建筑设计防火规范

GB 50074 石油库设计规范

GB 50084 自动喷水灭火系统设计规范

GB 50116 火灾自动报警系统设计规范

GB 50156 汽车加油加气站设计与施工规范

GB 50222 建筑内部装修设计防火规范

GB 50974 消防给水及消火栓系统技术规范

GA 703　住宿与生产储存经营合用场所消防安全技术要求

3　术语和定义

GB/T 5907、GB 13690、GB 50016、GB 50074、GB 50084、GB 50116、GB 50156、GB 50222、GB 50974 界定的以及下列术语和定义适用于本文件。

3.1　重大火灾隐患　major fire potential

违反消防法律法规、不符合消防技术标准，可能导致火灾发生或火灾危害增大，并由此可能造成重大、特别重大火灾事故或严重社会影响的各类潜在不安全因素。

3.2　公共娱乐场所　place of public amusement

具有文化娱乐、健身休闲功能并向公众开放的室内场所，包括影剧院、录像厅、礼堂等演出、放映场所，舞厅、卡拉 OK 厅等歌舞娱乐场所，具有娱乐功能的夜总会、音乐茶座和餐饮场所，游艺、游乐场所，保龄球馆、旱冰场、桑拿浴室等营业性健身、休闲场所。

3.3　公众聚集场所　public gathering place

宾馆、饭店、商场、集贸市场、客运车站候车室、客运码头候船厅、民用机场航站楼、体育场馆、会堂以及公共娱乐场所等。

3.4　人员密集场所　assembly occupancy

公众聚集场所，医院的门诊楼、病房楼，学校的教学楼、图书馆、食堂和集体宿舍，养老院，福利院，托儿所，幼儿园，公共图书馆的阅览室，公共展览馆、博物馆的展示厅，劳动密集型企业的生产加工车间和员工集体宿舍，旅游、宗教活动场所等。

3.5　易燃易爆危险品场所　place of flammable and explosive material

生产、储存、经营易燃易爆危险品的厂房和装置、库房、储罐（区）、商店、专用车站和码头，可燃气体储存（储配）站、充装站、调压站、供应站，加油加气站等。

3.6 重要场所 important place

发生火灾可能造成重大社会、政治影响和经济损失的场所，如国家机关，城市供水、供电、供气和供暖的调度中心，广播、电视、邮政和电信建筑，大、中型发电厂（站）、110 kV 及以上的变配电站，省级及以上博物馆、档案馆及国家文物保护单位，重要科研单位中的关键建筑设施，城市地铁与重要的城市交通隧道等。

4 判定原则和程序

4.1 重大火灾隐患判定应坚持科学严谨、实事求是、客观公正的原则。

4.2 重大火灾隐患判定适用下列程序：

   a) 现场检查：组织进行现场检查，核实火灾隐患的具体情况，并获取相关影像和文字资料；

   b) 集体讨论：组织对火灾隐患进行集体讨论，做出结论性判定意见，参与人数不应少于 3 人；

   c) 专家技术论证：对于涉及复杂疑难的技术问题，按照本标准判定重大火灾隐患有困难的，应组织专家成立专家组进行技术论证，形成结论性判定意见。结论性判定意见应有三分之二以上的专家同意。

4.3 技术论证专家组应由当地政府有关行业主管部门、监督管理部门和相关消防技术专家组成，人数不应少于 7 人。

4.4 集体讨论或技术论证时，可以听取业主和管理、使用单位等利害关系人的意见。

5 判定方法

5.1 一般要求

5.1.1 重大火灾隐患判定应按照第 4 章规定的判定原则和程序实施，并根据实际情况选择直接判定方法或综合判定方法。

5.1.2 直接判定要素和综合判定要素均应为不能立即改正的火灾隐患要素。

5.1.3 下列情形不应判定为重大火灾隐患：

a) 依法进行了消防设计专家评审，并已采取相应技术措施的；

b) 单位、场所已停产停业或停止使用的；

c) 不足以导致重大、特别重大火灾事故或严重社会影响的。

5.2 直接判定

5.2.1 重大火灾隐患直接判定要素见第6章。

5.2.2 符合第6章任意一条直接判定要素的，应直接判定为重大火灾隐患。

5.2.3 不符合第6章任意一条直接判定要素的，应按5.3的规定进行综合判定。

5.3 综合判定

5.3.1 重大火灾隐患综合判定要素见第7章。

5.3.2 采用综合判定方法判定重大火灾隐患时，应按下列步骤进行：

a) 确定建筑或场所类别；

b) 确定该建筑或场所是否存在第7章规定的综合判定要素的情形和数量；

c) 按第4章规定的原则和程序，对照5.3.3进行重大火灾隐患综合判定；

d) 对照5.1.3排除不应判定为重大火灾隐患的情形。

5.3.3 符合下列条件应综合判定为重大火灾隐患：

a) 人员密集场所存在7.3.1～7.3.9和7.5、7.9.3规定的综合判定要素3条以上（含本数，下同）；

b) 易燃、易爆危险品场所存在7.1.1～7.1.3、7.4.5和7.4.6规定的综合判定要素3条以上；

c) 人员密集场所、易燃易爆危险品场所、重要场所存在第7章规定的任意综合判定要素4条以上；

d) 其他场所存在第7章规定的任意综合判定要素6条以上。

5.3.4 发现存在第7章以外的其他违反消防法律法规、不符合消防技术标准的情形，技术论证专家组可视情节轻重，结合5.3.3做出综合判定。

6 直接判定要素

6.1 生产、储存和装卸易燃易爆危险品的工厂、仓库和专用车站、码头、储罐区，未设置在城市的边缘或相对独立的安全地带。

6.2 生产、储存、经营易燃易爆危险品的场所与人员密集场所、居住场所设置在同一建筑物内，或与人员密集场所、居住场所的防火间距小于国家工程建设消防技术标准规定值的75%。

6.3 城市建成区内的加油站、天然气或液化石油气加气站、加油加气合建站的储量达到或超过 GB 50156 对一级站的规定。

6.4 甲、乙类生产场所和仓库设置在建筑的地下室或半地下室。

6.5 公共娱乐场所、商店、地下人员密集场所的安全出口数量不足或其总净宽度小于国家工程建设消防技术标准规定值的80%。

6.6 旅馆、公共娱乐场所、商店、地下人员密集场所未按国家工程建设消防技术标准的规定设置自动喷水灭火系统或火灾自动报警系统。

6.7 易燃可燃液体、可燃气体储罐（区）未按国家工程建设消防技术标准的规定设置固定灭火、冷却、可燃气体浓度报警、火灾报警设施。

6.8 在人员密集场所违反消防安全规定使用、储存或销售易燃易爆危险品。

6.9 托儿所、幼儿园的儿童用房以及老年人活动场所，所在楼层位置不符合国家工程建设消防技术标准的规定。

6.10 人员密集场所的居住场所采用彩钢夹芯板搭建，且彩钢夹芯板芯材的燃烧性能等级低于 GB 8624 规定的 A 级。

7 综合判定要素

7.1 总平面布置

7.1.1 未按国家工程建设消防技术标准的规定或城市消防规划的要求设置消防车道或消防车道被堵塞、占用。

7.1.2 建筑之间的既有防火间距被占用或小于国家工程建设消防技术标准的规定值的80%，明火和散发火花地点与易燃易爆生产厂房、装置设备之间的防火间距小于国家工程建设消防技术标准的规定值。

7.1.3 在厂房、库房、商场中设置员工宿舍，或是在居住等民用建筑中从事生产、储存、经营等活动，且不符合 GA 703 的规定。

7.1.4 地下车站的站厅乘客疏散区、站台及疏散通道内设置商业经营活动场所。

7.2 防火分隔

7.2.1 原有防火分区被改变并导致实际防火分区的建筑面积大于国家工程建设消防技术标准规定值的50%。

7.2.2 防火门、防火卷帘等防火分隔设施损坏的数量大于该防火分区相应防火分隔设施总数的50%。

7.2.3 丙、丁、戊类厂房内有火灾或爆炸危险的部位未采取防火分隔等防火防爆技术措施。

7.3 安全疏散设施及灭火救援条件

7.3.1 建筑内的避难走道、避难间、避难层的设置不符合国家工程建设消防技术标准的规定，或避难走道、避难间、避难层被占用。

7.3.2 人员密集场所内疏散楼梯间的设置形式不符合国家工程建设消防技术标准的规定。

7.3.3 除6.5规定外的其他场所或建筑物的安全出口数量或宽度不符合国家工程建设消防技术标准的规定，或既有安全出口被封堵。

7.3.4 按国家工程建设消防技术标准的规定，建筑物应设置独立的安全出口或疏散楼梯而未设置。

7.3.5 商店营业厅内的疏散距离大于国家工程建设消防技术标准规定值的125%。

7.3.6 高层建筑和地下建筑未按国家工程建设消防技术标准的规定设置疏散指示标志、应急照明，或所设置设施的损坏率大于标准规定要求设置数量的30%；其他建筑未按国家工程建设消防技术标准的规定设置疏散指示标志、应急照明，或所设置设施的损坏率大于标准规定要求设置数量的50%。

7.3.7 设有人员密集场所的高层建筑的封闭楼梯间或防烟楼梯间的门的损坏率超过其设置总数的20%，其他建筑的封闭楼梯间或防烟楼梯间的门的损坏率大于其设置总数的50%。

7.3.8 人员密集场所内疏散走道、疏散楼梯间、前室的室内装修材料的燃烧性能不符合GB 50222的规定。

7.3.9 人员密集场所的疏散走道、楼梯间、疏散门或安全出口设置栅栏、卷帘门。

7.3.10 人员密集场所的外窗被封堵或被广告牌等遮挡。

7.3.11 高层建筑的消防车道、救援场地设置不符合要求或被占用，影响火灾扑救。

7.3.12 消防电梯无法正常运行。

7.4 消防给水及灭火设施

7.4.1 未按国家工程建设消防技术标准的规定设置消防水源、储存泡沫液等灭火剂。

7.4.2 未按国家工程建设消防技术标准的规定设置室外消防给水系统，或已设置但不符合标准的规定或不能正常使用。

7.4.3 未按国家工程建设消防技术标准的规定设置室内消火栓系统，或已设置但不符合标准的规定或不能正常使用。

7.4.4 除旅馆、公共娱乐场所、商店、地下人员密集场所外，其他场所未按国家工程建设消防技术标准的规定设置自动喷水灭火系统。

7.4.5 未按国家工程建设消防技术标准的规定设置除自动喷水灭火系统外的其他固定灭火设施。

7.4.6 已设置的自动喷水灭火系统或其他固定灭火设施不能正常使用或运行。

7.5 防烟排烟设施

人员密集场所、高层建筑和地下建筑未按国家工程建设消防技术标准的规定设置防烟、排烟设施，或已设置但不能正常使用或运行。

7.6 消防供电

7.6.1 消防用电设备的供电负荷级别不符合国家工程建设消防技术标准的规定。

7.6.2 消防用电设备未按国家工程建设消防技术标准的规定采用专用的供电回路。

7.6.3 未按国家工程建设消防技术标准的规定设置消防用电设备末端自动切换装置，或已设置但不符合标准的规定或不能正常自动切换。

7.7 火灾自动报警系统

7.7.1 除旅馆、公共娱乐场所、商店、其他地下人员密集场所以外的其他场所未按国家工程建设消防技术标准的规定设置火灾自动报警系统。

7.7.2 火灾自动报警系统不能正常运行。

7.7.3 防烟排烟系统、消防水泵以及其他自动消防设施不能正常联动控制。

7.8 消防安全管理

7.8.1 社会单位未按消防法律法规要求设置专职消防队。

7.8.2 消防控制室操作人员未按 GB 25506 的规定持证上岗。

7.9 其他

7.9.1 生产、储存场所的建筑耐火等级与其生产、储存物品的火灾危险性类别不相匹配，违反国家工程建设消防技术标准的规定。

7.9.2 生产、储存、装卸和经营易燃易爆危险品的场所或有粉尘爆炸危险场所未按规定设置防爆电气设备和泄压设施，或防爆电气设备和泄压设施失效。

7.9.3 违反国家工程建设消防技术标准的规定使用燃油、燃气设备，或燃油、燃气管道敷设和紧急切断装置不符合标准规定。

7.9.4 违反国家工程建设消防技术标准的规定在可燃材料或可燃构件上直接敷设电气线路或安装电气设备，或采用不符合标准规定的消防配电线缆和其他供配电线缆。

7.9.5 违反国家工程建设消防技术标准的规定在人员密集场所使用易燃、可燃材料装修、装饰。

住房和城乡建设部关于印发《房屋市政工程生产安全重大事故隐患判定标准（2022版）》的通知

建质规〔2022〕2号

各省、自治区住房和城乡建设厅，直辖市住房和城乡建设（管）委，新疆生产建设兵团住房和城乡建设局，山东省交通运输厅：

现将《房屋市政工程生产安全重大事故隐患判定标准（2022版）》（以下简称《判定标准》）印发给你们，请认真贯彻执行。

各级住房和城乡建设主管部门要把重大风险隐患当成事故来对待，将《判定标准》作为监管执法的重要依据，督促工程建设各方依法落实重大事故隐患排查治理主体责任，准确判定、及时消除各类重大事故隐患。要严格落实重大事故隐患排查治理挂牌督办等制度，着力从根本上消除事故隐患，牢牢守住安全生产底线。

住房和城乡建设部

2022年4月19日

房屋市政工程生产安全重大事故隐患判定标准（2022版）

第一条 为准确认定、及时消除房屋建筑和市政基础设施工程生产安全重大事故隐患，有效防范和遏制群死群伤事故发生，根据《中华人民共和国建筑法》《中华人民共和国安全生产法》《建设工程安全生产管理条例》等法律和行政法规，制定本标准。

第二条　本标准所称重大事故隐患，是指在房屋建筑和市政基础设施工程（以下简称房屋市政工程）施工过程中，存在的危害程度较大、可能导致群死群伤或造成重大经济损失的生产安全事故隐患。

第三条　本标准适用于判定新建、扩建、改建、拆除房屋市政工程的生产安全重大事故隐患。

县级及以上人民政府住房和城乡建设主管部门和施工安全监督机构在监督检查过程中可依照本标准判定房屋市政工程生产安全重大事故隐患。

第四条　施工安全管理有下列情形之一的，应判定为重大事故隐患：

（一）建筑施工企业未取得安全生产许可证擅自从事建筑施工活动；

（二）施工单位的主要负责人、项目负责人、专职安全生产管理人员未取得安全生产考核合格证书从事相关工作；

（三）建筑施工特种作业人员未取得特种作业人员操作资格证书上岗作业；

（四）危险性较大的分部分项工程未编制、未审核专项施工方案，或未按规定组织专家对"超过一定规模的危险性较大的分部分项工程范围"的专项施工方案进行论证。

第五条　基坑工程有下列情形之一的，应判定为重大事故隐患：

（一）对因基坑工程施工可能造成损害的毗邻重要建筑物、构筑物和地下管线等，未采取专项防护措施；

（二）基坑土方超挖且未采取有效措施；

（三）深基坑施工未进行第三方监测；

（四）有下列基坑坍塌风险预兆之一，且未及时处理：

1. 支护结构或周边建筑物变形值超过设计变形控制值；

2. 基坑侧壁出现大量漏水、流土；

3. 基坑底部出现管涌；

4. 桩间土流失孔洞深度超过桩径。

第六条　模板工程有下列情形之一的，应判定为重大事故隐患：

（一）模板工程的地基基础承载力和变形不满足设计要求；

（二）模板支架承受的施工荷载超过设计值；

（三）模板支架拆除及滑模、爬模爬升时，混凝土强度未达到设计或规范要求。

第七条　脚手架工程有下列情形之一的，应判定为重大事故隐患：

（一）脚手架工程的地基基础承载力和变形不满足设计要求；

（二）未设置连墙件或连墙件整层缺失；

（三）附着式升降脚手架未经验收合格即投入使用；

（四）附着式升降脚手架的防倾覆、防坠落或同步升降控制装置不符合设计要求、失效、被人为拆除破坏；

（五）附着式升降脚手架使用过程中架体悬臂高度大于架体高度的 2/5 或大于 6 米。

第八条 起重机械及吊装工程有下列情形之一的，应判定为重大事故隐患：

（一）塔式起重机、施工升降机、物料提升机等起重机械设备未经验收合格即投入使用，或未按规定办理使用登记；

（二）塔式起重机独立起升高度、附着间距和最高附着以上的最大悬高及垂直度不符合规范要求；

（三）施工升降机附着间距和最高附着以上的最大悬高及垂直度不符合规范要求；

（四）起重机械安装、拆卸、顶升加节以及附着前未对结构件、顶升机构和附着装置以及高强度螺栓、销轴、定位板等连接件及安全装置进行检查；

（五）建筑起重机械的安全装置不齐全、失效或者被违规拆除、破坏；

（六）施工升降机防坠安全器超过定期检验有效期，标准节连接螺栓缺失或失效；

（七）建筑起重机械的地基基础承载力和变形不满足设计要求。

第九条 高处作业有下列情形之一的，应判定为重大事故隐患：

（一）钢结构、网架安装用支撑结构地基基础承载力和变形不满足设计要求，钢结构、网架安装用支撑结构未按设计要求设置防倾覆装置；

（二）单榀钢桁架（屋架）安装时未采取防失稳措施；

（三）悬挑式操作平台的搁置点、拉结点、支撑点未设置在稳定的主体结构上，且未做可靠连接。

第十条 施工临时用电方面，特殊作业环境（隧道、人防工程，高温、有导电灰尘、比较潮湿等作业环境）照明未按规定使用安全电压的，应判定为重大事故隐患。

第十一条 有限空间作业有下列情形之一的，应判定为重大事故隐患：

（一）有限空间作业未履行"作业审批制度"，未对施工人员进行专项安全教育培训，未执行"先通风、再检测、后作业"原则；

（二）有限空间作业时现场未有专人负责监护工作。

第十二条 拆除工程方面，拆除施工作业顺序不符合规范和施工方案要求的，应判定为重大事故隐患。

第十三条 暗挖工程有下列情形之一的，应判定为重大事故隐患：

（一）作业面带水施工未采取相关措施，或地下水控制措施失效且继续施工；

（二）施工时出现涌水、涌沙、局部坍塌，支护结构扭曲变形或出现裂缝，且有不断增大趋势，未及时采取措施。

第十四条 使用危害程度较大、可能导致群死群伤或造成重大经济损失的施工工艺、设备和材料，应判定为重大事故隐患。

第十五条 其他严重违反房屋市政工程安全生产法律法规、部门规章及强制性标准，且存在危害程度较大、可能导致群死群伤或造成重大经济损失的现实危险，应判定为重大事故隐患。

第十六条 本标准自发布之日起执行。

住房和城乡建设部办公厅关于印发《自建房结构安全排查技术要点(暂行)》的通知

各省（自治区、直辖市）住房和城乡建设厅（委、管委），新疆生产建设兵团住房和城乡建设局：

根据全国自建房安全专项整治工作需要，我部组织编制了《自建房结构安全排查技术要点（暂行）》，现印发给你们，请结合本地区实际参照执行。执行中如有问题和建议，请及时反馈住房和城乡建设部专项整治专家组。

联系人：王晅　赵灵

电话：010－58933186　电子邮箱：nongfangchu3186@163.com

附件：自建房结构安全排查技术要点（暂行）

住房和城乡建设部办公厅

2022 年 6 月 2 日

附件

自建房结构安全排查技术要点（暂行）

第一章　总　　则

第一条　为指导各地做好城乡居民自建房安全专项整治工作，遏制重特大事故发生，切实保护人民群众生命财产安全，及时满足整治工作需要，特制定本要点。

第二条　本要点适用于城乡居民自建房结构安全隐患排查。

第三条　自建房安全隐患初步判定结论分为三级：存在严重安全隐患、存在一定安全隐患、未发现安全隐患。

（一）存在严重安全隐患：房屋地基基础不稳定，出现明显不均匀沉降，或承重构件存在明显损伤、裂缝或变形，随时可能丧失稳定和承载能力，结构已损坏，存在倒塌风险。

（二）存在一定安全隐患：房屋地基基础无明显不均匀沉降，个别承重构件出现损伤、裂缝或变形，不能完全满足安全使用要求。

（三）未发现安全隐患：房屋地基基础稳定，无不均匀沉降，梁、板、柱、墙等主要承重结构构件无明显受力裂缝和变形，连接可靠，承重结构安全，基本满足安全使用要求。

第四条　自建房安全隐患初步判定结论应依据本要点在产权人自查和现场排查的基础上作出。

第五条　不同安全隐患等级的自建房应分类处置。

（一）存在严重安全隐患的自建房，应立即停用并疏散房屋内和周边群众，封闭处置，现场排险。如需继续使用，应委托专业技术机构进行安全鉴定，依据鉴定结论采取相应处理措施。

（二）存在一定安全隐患的自建房，应限制用途，并委托专业技术机构进行安全鉴定，依据鉴定结论采取相应处理措施。

（三）未发现安全隐患的自建房，可继续正常使用，同时定期进行安全检查与维护。

第六条　初步判定结论不能替代房屋安全鉴定。

第七条　经营性自建房安全隐患应由专业技术人员进行排查。

第八条　排查人员在现场排查时应做好自身安全防护。

第九条　各地可在本要点基础上制定本地排查技术细则，应包括但不限于本要点所列各类结构类型和安全隐患情形。

第二章　基　本　要　求

第十条　房屋结构安全排查内容包括地基基础安全和上部结构安全。地基基础安全重点排查是否存在不均匀沉降、不稳定等情况；上部结构安全重点排查承重构件及其连接是否可靠；结构构件与房屋整体是否存在"歪、裂、扭、斜"

等现象。

第十一条　排查人员应向产权人（使用人）了解房屋建造、改造、装修和使用情况。如，房屋使用期间是否发生过改变功能、增加楼层、增设夹层、增加隔墙、减柱减墙、建筑外扩、是否改变房屋主体结构等改扩建行为。

第十二条　房屋结构安全排查以目视检查为主，按照先整体后构件的顺序进行。比照承重结构构件截面常规尺寸，对梁、板、柱、墙进行排查。对于存在损伤和变形的，可辅助以裂缝对比卡、重垂线等工具进行。

第三章　地基基础安全排查

第十三条　房屋地基基础存在以下情形之一时，应初步判定为存在严重安全隐患：

（一）房屋地基出现局部或整体沉陷；

（二）上部结构砌体墙部分出现宽度大于 10 mm 的沉降裂缝，或单道墙体产生多条平行的竖向裂缝、其中最大裂缝宽度大于 5 mm；预制构件之间的连接部位出现宽度大于 3 mm 的不均匀沉降裂缝；

（三）混凝土梁产生宽度超过 0.4 mm 的斜裂缝，或梁柱节点出现宽度超过 0.5 mm 的裂缝，或钢筋混凝土墙出现竖向裂缝；

（四）地基不稳定产生滑移，水平位移量大于 10 mm，且对上部结构有显著影响或有继续滑动迹象。

第十四条　房屋地基基础存在以下情形之一时，应初步判定为存在一定安全隐患：

（一）房屋地基基础有不均匀沉降，且造成房屋上部结构构件裂缝，但其宽度未达到第十三条第（二）、（三）款的限值；

（二）因地基变形引起单层和两层房屋整体倾斜率超过3‰，三层及以上房屋整体倾斜率超过2‰；

（三）因基础老化、腐蚀、酥碎、折断导致上部结构出现明显倾斜、位移、裂缝；

（四）地基不稳定产生滑移，水平位移量不大于 10 mm，但对上部结构造成影响；

（五）基础基底局部被架空等可能引起房屋坍塌的其他情形。

第四章 上部结构安全排查

第十五条 砌体结构房屋存在以下情形之一时，应初步判定为存在严重安全隐患：

（一）承重墙出现竖向受压裂缝，缝宽大于 1 mm、缝长超过层高 1/2，或出现缝长超过层高 1/3 的多条竖向裂缝；

（二）支承梁或屋架端部的墙体或柱在支座部位出现多条因局部受压裂缝，或裂缝宽度已超过 1 mm；

（三）承重墙或砖柱出现表面风化、剥落、砂浆粉化等现象，有效截面削弱达 15% 以上；

（四）承重墙、柱已经产生明显倾斜；

（五）纵横承重墙体连接处出现通长竖向裂缝。

第十六条 混凝土结构房屋存在以下情形之一时，应初步判定为存在严重安全隐患：

（一）梁、板下挠，且受拉区的裂缝宽度大于 1 mm；

（二）梁跨中或中间支座受拉区产生竖向裂缝，裂缝延伸达梁高的 2/3 以上且缝宽大于 1 mm，或在支座附近出现剪切斜裂缝；

（三）混凝土梁、板出现宽度大于 1 mm 非受力裂缝的情形；

（四）主要承重柱产生明显倾斜，混凝土质量差，出现蜂窝、露筋、裂缝、孔洞、烂根、疏松、外形缺陷、外表缺陷；

（五）屋架的支撑系统失效，屋架平面外倾斜。

第十七条 钢结构房屋存在以下情形之一时，应初步判定为存在严重安全隐患：

（一）构件或连接件有裂缝或锐角切口；焊缝、螺栓或铆接有拉开、变形、滑移、松动、剪坏等严重损坏；

（二）连接方式不当，构造有严重缺陷；

（三）受力构件因锈蚀导致截面锈损量大于原截面的 10%；

（四）屋架下挠，檩条下挠，导致屋架倾斜。

第十八条 木结构房屋存在以下情形之一时，应初步判定为存在严重安全隐患：

（一）连接节点松动变形、滑移、沿剪切面开裂、剪坏，或连接铁件严重锈蚀、松动致使连接失效等损坏；

（二）主梁下挠，或伴有较严重的材质缺陷；

（三）屋架下挠，或顶部、端部节点产生腐朽或劈裂；

（四）木柱侧弯变形，或柱顶劈裂、柱身断裂、柱脚腐朽等受损面积大于原截面20%以上。

第十九条 砌体结构房屋存在以下情形之一时，应初步判定为存在一定安全隐患：

（一）承重墙厚度小于180 mm；

（二）承重墙或砖柱因偏心受压产生水平裂缝；

（三）承重墙或砖柱出现侧向变形现象，或出现因侧向受力产生水平裂缝；

（四）门窗洞口上砖过梁产生裂缝或下挠变形；

（五）砖筒拱、扁壳、波形筒拱的拱顶沿纵向产生裂缝，或拱曲面变形，或拱脚位移，或拱体拉杆锈蚀严重，或拉杆体系失效等；

（六）建筑高度与面宽宽度的比值超过2.5；

（七）房屋面宽和进深比例小于1∶3，主要采用纵向承重墙承重，缺乏横向承重墙；

（八）房屋底层大空间，且未采用局部框架结构，上部小空间，且采用自重较重的砌筑墙体分隔；

（九）建筑层数达到3层以上，采用空斗砖墙承重，且未设置圈梁和构造柱；

（十）采用预制板作为楼屋面，未设置圈梁，未采取有效的搭接措施；

（十一）承重砌体墙根部风化剥落，厚度不超过墙体厚度1/3的情形。

第二十条 混凝土结构房屋存在以下情形之一时，应初步判定为存在一定安全隐患：

（一）柱、梁、板、墙的混凝土保护层因钢筋锈蚀而严重脱落、露筋；

（二）预应力板产生竖向通长裂缝，或端部混凝土酥松露筋，或预制板底部出现横向裂缝或下挠变形；

（三）现浇板面周边产生裂缝，或板底产生交叉裂缝；

（四）柱因受压产生竖向裂缝、保护层剥落，或一侧产生水平裂缝，另一侧混凝土被压碎；

（五）混凝土墙中部产生斜裂缝；

（六）屋架产生下挠，且下弦产生横断裂缝；

（七）悬挑构件下挠变形，或支座部位出现裂缝；

（八）混凝土梁板出现宽度 1 mm 以下非受力裂缝的情形；

（九）承重混凝土构件（柱、梁、板、墙）表面有轻微剥蚀、开裂、钢筋锈蚀的现象，或混凝土构件施工质量较差、蜂窝麻面较多、但受力钢筋没有外露等。

第二十一条　钢结构房屋存在以下情形之一时，应初步判定为存在一定安全隐患：

（一）梁、板下挠；

（二）实腹梁侧弯变形且有发展迹象；

（三）梁、柱等位移或变形较大；

（四）钢结构构件（柱、梁、屋架等）有多处轻微锈蚀现象。

第二十二条　木结构房屋存在以下情形之一时，应初步判定为存在一定安全隐患：

（一）檩条、龙骨下挠，或入墙部位腐朽、虫蛀；

（二）木构件存在心腐缺陷；

（三）受压或受弯木构件干缩裂缝深度超过构件截面尺寸的 1/2，且裂缝长度超过构件长度的 2/3。

第五章　其　　　他

第二十三条　改变使用功能的城乡居民自建房，存在以下情形之一时，应初步判定为存在严重安全隐患：

（一）将原居住功能的城乡居民自建房改变为经营性人员密集场所，如培训教室、影院、KTV、具有娱乐功能的餐馆等，且不能提供有效技术文件的；

（二）改变使用功能后，导致楼（屋）面使用荷载大幅增加危及房屋安全的情形。

第二十四条　改变使用功能的城乡居民自建房，存在以下情形之一时，应初步判定为存在一定安全隐患：

（一）将原居住功能的城乡居民自建房改变为人员密集场所以外的其他经营场所；

（二）改变使用功能但楼（屋）面使用荷载没有大幅增加的情形。

第二十五条　改扩建的城乡居民自建房，存在以下情形之一时，应初步判定为存在严重安全隐患：

（一）擅自拆改主体承重结构、更改承重墙体洞口尺寸及位置、加层（含夹层）、扩建、开挖地下空间等，且出现明显开裂、变形；

（二）在原楼（屋）面上擅自增设非轻质墙体、堆载或其他原因导致楼（屋）面梁板出现明显开裂、变形；

（三）在原楼（屋）面新增的架空层与原结构缺乏可靠连接。

第二十六条 改扩建的城乡居民自建房，存在以下情形之一时，应初步判定为存在一定安全隐患：

（一）在原楼面上增设轻质隔墙；

（二）擅自拆改主体承重结构、更改承重墙体洞口尺寸及位置、加层（含夹层）、扩建、开挖地下空间等，但未见明显开裂、变形时；

（三）屋面增设堆载或其他原因使屋面荷载增加较大但未见明显开裂和变形时。

第二十七条 按本要点尚不能判定为严重安全隐患或一定安全隐患，但排查中发现结构存在异常情况的，可初步判定为存在一定安全隐患。

第二十八条 经排查判定不存在严重安全隐患和一定安全隐患情形的，可初步判定为未发现安全隐患。

关于印发《公路交通事故多发点段及严重安全隐患排查工作规范（试行）》的通知

公交管〔2019〕172 号

各省、自治区、直辖市公安厅、局交通管理局、处，新疆生产建设兵团公安局交警总队：

进一步健全完善公路交通安全隐患排查工作长效机制，规范公路交通事故多发点段的排查工作，有效防范和减少道路交通事故，根据《2019 年预防重特大道路交通事故工作方案》，我局制定了《公路交通事故多发点段及严重安全隐患排查工作规范（试行）》，现印发给你们，请结合实际，认真贯彻落实。执行情况及工作中遇到的问题，请及时报我局。

附件 1：公路交通事故多发点段交通安全改善建议参考资料（略）
附件 2：常用道路安全技术指标测量仪器表（略）

公安部交通管理局
2019 年 3 月 29 日

公路交通事故多发点段及严重安全隐患排查工作规范（试行）

第一章 总 则

第一条 为健全完善公路交通安全隐患排查工作长效机制，规范公路交通事故多发点段的排查工作，有效防范和减少道路交通事故的发生，根据《道路交通安全法》及其实施条例的规定，以及《国务院关于加强道路交通安全工作的意见》（国发〔2012〕30号）及其分工方案的要求，制定本规范。

第二条 本规范适用于已经投入使用的高速公路及一、二、三、四级公路的交通事故多发点段排查和交通严重安全隐患排查。

等外公路可以参照执行。

第三条 公路交通事故多发点段及严重安全隐患排查要坚持以预防和减少道路交通事故为目标，通过强化交通事故统计分析，排查确定事故多发点段和存在严重安全隐患路段，提出针对性的治理意见和建议，推动隐患整改和公路安全水平的提升。

第二章 公路交通事故多发点段排查

第四条 公路交通事故多发点段排查由县级以上公安机关交通管理部门组织开展，由事故处理及预防、秩序管理、交通设施等相关人员参加。可以根据需要，会同当地交通运输、应急管理等部门联合开展排查工作。

上级公安机关交通管理部门负责对下级公安机关交通管理部门开展排查工作进行业务指导和技术支持。

第五条 公路交通事故多发点段排查工作应当按照以下程序进行：分析处理交通事故数据、筛查分类事故多发点段、深入调查分析、提出治理建议、制作排查报告，每年度不少于1次。

第六条 分析处理交通事故数据应当在充分收集整理辖区近3年道路交通事

故数据基础上，深入研判事故特点。

第七条 公路交通事故多发点段根据事故发生频次及严重程度分为一类多发点段、二类多发点段和三类多发点段，筛查分类标准参照附录1执行。

其中，一、二、三类多发点段排查分别由省、市、县三级公安机关交通管理部门督办。

第八条 排查公路交通事故多发点段应当根据历史交通事故数据，分析事故多发的原因、事故特征及分布特点等，确定与道路相关的重点调查内容，并对暴露出的安全隐患进行分析。相关调查分析方法可以参考附录2执行。

第九条 公安机关交通管理部门应当对调查分析确认的公路安全隐患，提出消除隐患的建议。

第十条 公路交通事故多发点段排查报告应当参照附录3的格式制作，且包含下列内容：

（一）排查单位及成员名单；

（二）排查时间及工作方式、方法、过程；

（三）排查路段基本信息；

（四）多发点段分类；

（五）安全隐患调查分析；

（六）消除隐患的建议；

（七）相关附件。

第三章 公路严重安全隐患排查

第十一条 县级以上公安机关交通管理部门根据管理体制及职责分工，负责本辖区公路交通严重安全隐患的排查工作，实行日常排查和专项排查相结合的工作方式，并配合同级交通运输部门开展相关工作。

第十二条 日常排查是指公安机关交通管理部门日常执勤执法过程中，发现急弯、陡坡、临崖、临水、长下坡等重点路段标志标线和安全防护设施严重缺失、损坏，以及群众或者其他公安机关交通管理部门、有关部门认为明显危及交通安全的公路安全隐患。

第十三条 专项排查是指公安机关交通管理部门根据工作需要，在特定时段针对重点路段或者突出安全隐患类型开展的公路严重安全隐患排查，排查内容和方式由组织专项排查的公安机关交通管理部门自行确定。

必要时，可以提请同级人民政府牵头，相关部门共同开展。

第十四条　公安机关交通管理部门对排查确认的公路交通安全严重隐患，应当提出消除隐患的建议。

第十五条　公安机关交通管理部门制作公路交通安全严重隐患排查报告，应当包含下列内容：

（一）排查单位、时间及过程；

（二）公路交通严重安全隐患情况及分析；

（三）消除隐患的建议；

（四）相关附件。

第四章　推动整改和治理

第十六条　公安机关交通管理部门应当将排查结果书面报告同级人民政府，并抄送同级交通运输、应急管理等行业主管部门及产权单位，同时报上一级公安机关交通管理部门备案。

对于高速公路，应当将排查结果向有路产管辖权的人民政府报告，并抄送相应层级行业主管部门。

第十七条　公安机关交通管理部门可以根据交通事故多发点段类别或者严重安全隐患治理难度，提请同级人民政府或者道路交通安全工作联席会议等议事协调机构挂牌督办。

对隐患治理难度较大或者投入超出本地财政承担能力的，可以由上级公安机关交通管理部门提级督办。

第十八条　公安机关交通管理部门可以联合有关部门对排查出的公路交通事故多发点段及严重安全隐患路段，通过跟踪整改、公布提示、宣传曝光等方式，推动排查发现问题的治理。

第十九条　公安机关交通管理部门应当定期了解掌握已报告的隐患问题治理进度。对于未及时处理的，应当督促提醒。

第二十条　公安机关交通管理部门可以对事故多发点段及严重安全隐患路段的治理情况，依据交通事故数据评价治理效果。

第五章　　档案记录与考核

第二十一条　公安机关交通管理部门应当将交通事故多发点段和严重安全隐患路段排查过程中制作或者收集的资料以及排查报告书、相关函件、工作记录等资料及时存档，保存期限不少于3年。

第二十二条　省级公安机关交通管理部门应当建立完善公路交通事故多发点段和严重安全隐患排查数据库，开展动态监测。

第二十三条　公路交通事故多发点段和严重安全隐患排查工作应当纳入各级公安机关交通管理部门的工作考核内容，设立相应奖罚措施。

第六章　　附　　　　则

第二十四条　各级公安机关交通管理部门应当将开展公路交通事故多发点段及严重安全隐患排查的费用纳入经费保障。

第二十五条　上级公安机关交通管理部门应当定期对下级开展公路交通事故多发点段及严重安全隐患排查工作进行教育培训。

第二十六条　公安机关交通管理部门可以聘请专业机构或者人员参与公路交通事故多发点段及严重安全隐患的排查工作，形成消除隐患的综合对策建议。

各级公安机关交通管理部门可以视情况建立本辖区排查工作专家库以及专业机构推荐清单。

第二十七条　鼓励采用新技术、新方法开展公路交通事故易发风险评估，特别是提早发现新建及改扩建路段存在的交通安全隐患。

第二十八条　各省级公安机关交通管理部门应当在每年年底最后一周将年度本省（区、市）公路交通事故多发点段及严重安全隐患排查工作情况上报公安部交通管理局。

第二十九条　省级公安机关交通管理部门可以根据本规范，结合本地实际，制定具体实施办法。

第三十条　本规范自下发之日起施行。

附录1：公路交通事故多发点段分类参考标准

附录 1 公路交通事故多发点段分类参考标准

一、交通事故多发点段划分

道路交通事故多发点、段是指 3 年内，发生多起交通事故或事故损害后果极其严重，有一定规律特点的道路点、段。

1. 普通公路

普通公路交通事故多发点的范围为：距交叉路口中心点 250 米（含，下同）范围内或一般路段上 500 米范围内，及隧道口、接入口等。

普通公路交通事故多发段的范围为：道路上 2000 米范围内或桥梁、隧道、长大下（上）坡全程。

2. 高速、一级公路

高速公路、一级公路多发点范围为：道路上 1000 米（含）范围内或收费站、隧道口、匝道口（含加减速车道）、接入口、平面交叉口等点。

高速公路、一级公路交通事故多发段的范围为：道路上 4000 米范围内（单向）或桥梁、隧道、长大下（上）坡全程。

二、交通事故多发点段分类

按照公路所发生交通事故的数量及后果（不含毒驾、酒驾等事故），公路交通事故多发点段分为一类、二类、三类三种类型。其中：

1. 一类点、段需符合下列条件之一：

（1）近 3 年内，发生 1 起及以上一次死亡 5 人（含）以上道路交通事故，且事故的发生与道路因素有关的；

（2）近 3 年内，发生 2 起及以上一次死亡 3 人（含）以上道路交通事故的；

（3）近 3 年内，发生 6 起以上死亡交通事故的；

（4）公安机关交通管理部门认为存在特别严重安全隐患的其它事故多发点、段。

2. 二类点、段需符合下列条件之一：

（1）近3年内，发生1起一次死亡3~4人道路交通事故，且事故的发生与道路因素有关的；

（2）近3年内，发生3~5起致人死亡的交通事故的；

（3）近3年内，发生6起以上致人伤亡的交通事故的；

（4）公安机关交通管理部门认为存在严重安全隐患的其它事故多发点、段。

3. 三类点、段需符合下列条件之一：

（1）近3年内，发生1~2起死亡交通事故，且事故的发生与道路因素有关的；

（2）近3年内，发生3~5起致人伤亡的交通事故的；

（3）一定时间内，发生道路交通事故（含简易事故）情况突出的；

（4）公安机关交通管理部门认为存在安全隐患的其它事故多发点、段。

交通运输部办公厅关于印发《水上客运重大事故隐患判定指南（暂行）》的通知

交办海〔2017〕170号

各省、自治区、直辖市交通运输厅（局、委），部长江、珠江航务管理局，各直属海事局：

经交通运输部同意，现将《水上客运重大事故隐患判定指南（暂行)》印发，使用中如遇重要情况，请及时向我部水运局和海事局反映。

交通运输部办公厅

2017年11月20日

水上客运重大事故隐患判定指南（暂行）

第一条 为指导水路运输和港口经营人判定水上客运重大事故隐患，根据《中华人民共和国安全生产法》《中华人民共和国海上交通安全法》《中华人民共和国港口法》《中华人民共和国内河交通安全管理条例》《国内水路运输管理条例》等法律、法规和交通运输部有关安全生产隐患治理的规定，制定本指南。

第二条 本指南适用于判定水上客运重大事故隐患。

第三条 本指南中的事故隐患是指水上客运生产经营单位违反安全生产法律、法规、规章、标准、规程和安全生产管理制度的规定，或者因其他因素在生产经营活动中存在可能导致事故发生的物的危险状态、人的不安全行为和管理上的缺陷。

重大事故隐患是指危害和整改难度较大，应当全部或者局部停产停业，并经过一定时间整改治理方能排除的隐患，或者因外部因素影响致使水上客运生产经营单位自身难以排除的隐患。

水上客运生产经营单位包括客船及其所有人、经营人、管理人，客运码头（含客运站，下同）经营人。

第四条 水上客运重大事故隐患主要包括以下六个方面：

（一）客船安全技术状况、重要设备存在严重缺陷；

（二）客船配员或船员履职能力严重不足；

（三）客运码头重要设备及应急设备存在严重缺陷或故障；

（四）水上客运生产经营单位违法经营、作业；

（五）水上客运生产经营单位安全管理存在严重问题；

（六）其他重大事故隐患。

第五条 "客船安全技术状况、重要设备存在严重缺陷"，是指下列情形之一的：

（一）客船擅自改建；

（二）客船改装后，船舶适航性、救生和防火要求，不满足技术法规要求；

（三）客船船体破损、航行设备损坏影响船舶安全航行，未及时修复；

（四）客船应急操舵装置、应急发电机等应急设施设备出现故障；

（五）客船未按规定配备足额消防救生设备设施或存在严重缺陷。

第六条 "客船配员或船员履职能力严重不足"，是指下列情形之一的：

（一）船长或者高级船员的配备未满足最低安全配员要求；

（二）参加航行、停泊值班的船员违反规定饮酒或服用国家管制的麻醉药品或者精神药品。

第七条 "客运码头重要设备及应急设备存在严重缺陷或故障"，是指下列情形之一的：

（一）未按规定配备足额消防救生设备设施或配备的设备设施存在严重缺陷；

（二）未按规定设置旅客、车辆上下船设施，安全设施，应急救援设备，或者设置的设备设施不能正常使用。

第八条 "水上客运生产经营单位违法经营、作业"，是指下列情形之一的：

（一）客船未持有有效的法定证书；

（二）客船未遵守恶劣天气限制、夜航规定航行；

（三）客船载运旅客人数超出乘客定额人数的、或未按规定载运或载运的车辆不符合相关规定、或未按规定执行"车客分离"要求；

（四）客运码头未按规定履行安检查危职责，违规放行人员和车辆；

（五）未按规定执行水路旅客运输实名制管理规定；

（六）超出许可范围和许可有效期经营。

第九条 "水上客运生产经营单位安全管理存在严重问题"，是指下列情形之一的：

（一）未按规定建立安全管理制度或安全管理体系；

（二）未切实执行安全管理制度或安全管理体系没有得到有效运行；

（三）安全管理相关人员不符合规定的任职要求或履职能力严重不足；

（四）未按规定制定应急预案或者未定期组织演练，且逾期不改正。

第十条 其他重大事故隐患，是指下列情形之一的：

（一）客船人员应急疏散通道严重堵塞；

（二）客船压载严重不当；

（三）客船积载、系固及绑扎严重不当；

（四）客船登离装置存在重大安全缺陷未及时纠正；

（五）客运码头未按相关标准配备安全检测设备或者设备无法正常使用；

（六）客运码头及其停车场与污染源、危险区域的距离不符合规定。

第十一条 对于不能依据本指南直接判断是否为重大事故隐患的情况，可组织有关专家，依据安全生产法律法规、规章、标准、规程和安全生产管理制度，进行论证、综合判定。

第十二条 本指南所指客船系指载客超过 12 人的船舶。

第十三条 本指南自 2018 年 1 月 1 日起施行。

交通运输部办公厅关于印发《危险货物港口作业重大事故隐患判定指南》的通知

交办水〔2016〕178 号

各省、自治区、直辖市交通运输厅（委）：

为指导各地排查治理危险货物港口作业重大事故隐患，根据《港口法》《安全生产法》《危险化学品安全管理条例》等有关法律法规和相关国家、行业标准，我部组织编制了《危险货物港口作业重大事故隐患判定指南》，现予印发。使用中如遇重要情况，请及时向部水运局反映。

交通运输部办公厅

2016 年 12 月 19 日

危险货物港口作业重大事故隐患判定指南

第一条 为了准确判定、及时消除危险货物港口作业重大事故隐患（以下简称重大事故隐患），根据《安全生产法》《港口法》《危险化学品安全管理条例》《港口经营管理规定》《港口危险货物安全管理规定》等法律、法规、规章和交通运输部有关隐患治理的规定，制定本指南。

第二条 本指南适用港口区域内危险货物作业，用于指导危险货物港口经营人和港口行政管理部门判定各类危险货物港口作业重大事故隐患。

第三条 危险货物港口作业重大事故隐患包括以下 5 个方面：

（一）存在超范围、超能力、超期限作业情况，或者危险货物存放不符合安全要求的；

（二）危险货物作业工艺设备设施不满足危险货物的危险有害特性的安全防范要求，或者不能正常运行的；

（三）危险货物作业场所的安全设施、应急设备的配备不能满足要求，或者不能正常运行、使用的；

（四）危险货物作业场所或装卸储运设备设施的安全距离（间距）不符合规定的；

（五）安全管理存在重大缺陷的。

第四条 "存在超范围、超能力、超期限作业情况，或者危险货物存放不符合安全要求的"重大事故隐患，是指有下列情形之一的：

（一）超出《港口经营许可证》《港口危险货物作业附证》许可范围和有效期从事危险货物作业的；

（二）仓储设施（堆场、仓库、储罐，下同）超设计能力、超容量储存危险货物，或者储罐未按规定检验、检测评估的；

（三）储罐超温、超压、超液位储存，管道超温、超压、超流速输送，危险货物港口作业重要设备设施超负荷运行的；

（四）危险货物港口作业相关设备设施超期限服役且无法出具检测或检验合格证明、无法满足安全生产要求的；

（五）装载《危险货物品名表》（GB 12268）和《国际海运危险货物规则》规定的 1.1 项、1.2 项爆炸品和硝酸铵类物质的危险货物集装箱未按照规定实行直装直取作业的；

（六）装载《危险货物品名表》（GB 12268）和《国际海运危险货物规则》规定的 1 类爆炸品（除 1.1 项、1.2 项以外）、2 类气体和 7 类放射性物质的危险货物集装箱超时、超量等违规存放的；

（七）危险货物未根据理化特性和灭火方式分区、分类和分库储存隔离，或者储存隔离间距不符合规定，或者存在禁忌物违规混存情况的。

第五条 "危险货物作业工艺设备设施不满足危险货物的危险有害特性的安全防范要求，或者不能正常运行的"重大事故隐患，是指有下列情形之一的：

（一）装卸甲、乙类火灾危险性货物的码头，未按《海港总体设计规范》（JTS165）等规定设置快速脱缆钩、靠泊辅助系统、缆绳张力监测系统和作业环境监测系统，或者不能正常运行的；

（二）液体散货码头装卸设备与管道未按装卸及检修要求设置排空系统，或者不能正常运行的；吹扫介质的选用不满足安全要求的；

（三）对可能产生超压的工艺管道系统未按规定设置压力检测和安全泄放装置，或者不能正常运行的；

（四）储罐未根据储存危险货物的危险有害特性要求，采取氮气密封保护系统、添加抗氧化剂或阻聚剂、保温储存等特殊安全措施的；

（五）储罐（罐区）、管道的选型、布置及防火堤（隔堤）的设置不符合规定的。

第六条　"危险货物作业场所的安全设施、应急设备的配备不能满足要求，或者不能正常运行、使用的"重大事故隐患，是指有下列情形之一的：

（一）危险货物作业场所未按规定设置相应的防火、防爆、防雷、防静电、防泄漏等安全设施、措施，或者不能正常运行的；

（二）危险货物作业大型机械未按规定设置防阵风和防台风装置，或者不能正常运行的；

（三）危险货物作业场所未按规定设置通信、报警装置，或者不能正常运行的；

（四）重大危险源未按规定配备温度、压力、液位、流量、组分等信息的不间断采集和监测系统的；储存剧毒物质的场所、设施，未按规定设置视频监控系统，或者不能正常运行的；

（五）工艺设备及管道未根据输送物料的火灾危险性及作业条件，设置相应的仪表、自动联锁保护系统或者紧急切断措施，或者不能正常运行的；

（六）未按规定配备必要的应急救援器材、设备的；应急救援器材、设备不能满足可能发生的火灾、爆炸、泄漏、中毒事故的应急处置的类型、功能、数量要求，或者不能正常使用的。

第七条　"危险货物作业场所或装卸储运设备设施的安全距离（间距）不符合规定的"重大事故隐患，是指有下列情形之一的：

（一）危险货物作业场所与其外部周边地区人员密集场所、重要公共设施、重要交通基础设施等的安全距离（间距）不符合规定的；

（二）危险货物港口经营人内部装卸储运设备设施以及建构筑物之间的安全距离（间距）不符合规定的。

第八条　"安全管理存在重大缺陷的"重大事故隐患，是指有下列情形之一的：

（一）未按规定设置安全生产管理机构、配备专职安全生产管理人员的；未建立安全生产责任制、安全教育培训制度、安全操作规程、安全事故隐患排查治理、重大危险源管理、火灾（爆炸、泄漏、中毒）等重大事故应急预案等安全管理制度，或者落实不到位且情节严重的；

（二）未按规定对安全生产条件定期进行安全评价的；

（三）从业人员未按规定取得相关从业资格证书并持证上岗的；

（四）违反安全规范或操作规程在作业区域进行动火、受限空间作业、盲板抽堵、高处作业、吊装、临时用电、动土、断路作业等危险作业的。

第九条　除以上列明的情形外，各地可结合本地实际，对发现的风险较大且难以直接判断为重大事故隐患的，组织 5 名或 7 名危险货物港口作业领域专家，依据安全生产法律法规、国家标准和行业标准，结合同类型重特大事故案例，针对事故发生的概率和可能造成的后果、整改难易程度，采用风险矩阵、专家分析等方法，进行论证分析、综合判定。

第十条　关于危险货物港口作业特种设备相关重大事故隐患判定依照国家相关法律法规、标准规范执行，消防相关重大事故隐患判定依照《重大火灾隐患判定方法》（GA 653）等标准规范执行。

第十一条　依照本指南判定为重大事故隐患的，应依法依规采取相应处置措施。

第十二条　本指南下列用语的含义：

（一）港口危险货物重大危险源，是指依照《危险化学品重大危险源辨识》（GB 18218）、《港口危险货物重大危险源监督管理办法（试行）》辨识确定，港口区域内储存危险货物的数量等于或者超过临界量的单元（包括场所和设施）；

（二）液体散货码头，是指原油、成品油、液体化工品和液化石油气、液化天然气等散装液体货物的装卸码头；

（三）事故隐患，是指危险货物港口经营人违反安全生产法律、法规、规章、标准、规程和安全生产管理制度的规定，或者因其他因素在生产经营活动中存在可能导致事故发生的人的不安全行为、物的危险状态、场所的不安全因素和管理上的缺陷。

重大事故隐患，是指危害和整改难度较大，需要局部或者全部停产停业，并经过一定时间整改治理方能消除的事故隐患，或者因外部因素影响致使生产经营单位自身难以消除的事故隐患。

国家铁路局关于印发《铁路交通重大事故隐患判定标准（试行）》的通知

国铁安监规〔2023〕12 号

国铁集团、国家能源集团，中国中铁、中国铁建、中国中车、中国通号、中国物流，各地方铁路运输企业，各地区铁路监管局，各铁路安全监督管理办公室，机关各部门：

现将《铁路交通重大事故隐患判定标准（试行）》（以下简称《判定标准》）印发给你们，请认真贯彻执行。

铁路监管部门要将《判定标准》作为监管执法的重要依据，按照《铁路安全风险分级管控和隐患排查治理管理办法》等要求，加强对重大事故隐患排查治理工作的监管执法。各铁路单位要依法落实重大事故隐患排查治理主体责任，彻底排查、准确判定、及时消除、规范报告各类重大事故隐患，牢牢守住安全生产底线，坚决防范和遏制铁路交通重特大事故发生。

国家铁路局

2023 年 5 月 8 日

铁路交通重大事故隐患判定标准（试行）

第一条 为准确判定铁路交通重大事故隐患，根据《中华人民共和国安全生产法》《中华人民共和国铁路法》《铁路安全管理条例》《铁路交通事故应急救援和调查处理条例》等法律法规要求，制定本判定标准。

第二条 本判定标准适用于判定铁路交通重大事故隐患。

第三条 铁路交通重大事故隐患主要包括铁路主要行车设备设施、铁路运输生产、铁路沿线环境、安全管理和灾害防范及应急处置等 5 个方面。

第四条　铁路主要行车设备设施重大事故隐患，是指铁路主要行车设备设施在勘察、设计、施工、监理、制造、监造、养护维修等环节失管失控，极易直接导致列车脱轨、冲突、相撞、火灾、爆炸重大及以上事故或者人员群死群伤事故的隐患，有下列情形之一的：

（一）动车组和客运机车车辆的走行部存在轮轴折断、悬吊部件断裂脱落，制动系统存在制动失效放飏，电气系统存在配线短路起火的；动车组、客运机车车辆未按规定使用耐火材料，消防器材配备不到位，擅自加装改造高压电器设备，高压油管路密封严重不良的；

（二）高速铁路和旅客列车运行区段主要行车基础设备设施、动车组和客运机车车辆未按要求定期进行中修、大修及高级修，或者到报废年限未按规定报废仍投入使用的；

（三）铁路专用设备应取得许可而未取得许可或者许可条件不再具备，或者应进行检测检验而未进行检测检验，或者铁路专用设备存在缺陷应召回未召回仍投入使用的；

（四）高速铁路和旅客列车运行区段桥隧、路基、轨道等存在严重隐患，或者轮轨动力学指标严重超限的；

（五）高速铁路和旅客列车运行区段接触网支柱及基础（包括拉线基础）损坏严重、隧道吊柱松脱的；

（六）高速铁路和旅客列车运行区段信号系统设计错误、产品制造缺陷、列控或者 LKJ 数据错误等，造成联锁关系错误、信号显示升级、列车运行超速的；

（七）与行车相关的铁路控制系统存在设计、制造缺陷的。

第五条　铁路运输生产重大事故隐患，是指铁路运输生产组织过程中的安全关键环节未制定或者未落实相应安全制度措施，极易直接导致列车脱轨、冲突、相撞、火灾、爆炸重大及以上事故或者人员群死群伤事故的隐患，有下列情形之一的：

（一）未制定或者未落实防止错误办理接发旅客列车进路措施的；

（二）未制定或者未落实防止列车冒进措施的；

（三）未制定或者未落实接触网停送电安全措施、防止电力机车带电进入有人作业停电区安全措施的；

（四）未制定或者未落实营业线（含邻近营业线）施工安全管理、现场管控措施的；

（五）未制定或者未落实铁路旅客运输安全检查管理制度的；

（六）未制定或者未落实危险货物运输安全管理制度包装、装卸、运输危险货物的；

（七）匿报谎报危险货物品名、性质、重量，在普通货物中夹带危险货物或者在危险货物中夹带禁止配装的货物，违反充装量限制装载危险货物，应押运的危险货物不按照规定押运的；

（八）进入铁路营业线的铁路机车车辆由未取得相应驾驶资格的人员驾驶的；

（九）应制定装载加固方案的货物未制定或者未落实货物装载加固方案装车的；

（十）未制定或者未落实安全防护措施，在车站候车室、售票厅及行车公寓等人员密集生产场所进行动火作业的；

（十一）通行旅客列车以及公交车或者大中型客运车辆的铁路道口，未制定或者未落实道口看守人员作业标准的；

（十二）对无隔开设备能进入客车进路的货物线、铁路专用线、专用铁路等线路，未制定或者未落实防止侵入客车进路的措施的；

（十三）未取得铁路运输许可证从事铁路旅客、货物公共运输营业的，或者新建铁路线路未经验收合格、未通过运营安全评估，不符合运营安全要求投入运营的。

第六条　铁路沿线环境重大事故隐患，是指在铁路沿线一定范围内从事违反法律法规规定的生产经营活动，极易直接导致列车脱轨、冲突、相撞、火灾、爆炸重大及以上事故的隐患，有下列情形之一的：

（一）在高速铁路和旅客列车运行区段铁路线路安全保护区内，擅自建设施工、取土、挖砂、挖沟、采空作业或者其他违法行为，造成或者可能造成线路几何尺寸变化，线路基础空洞、下沉、坍塌、线路中断，或者施工机具侵入铁路建筑限界的；

（二）高速铁路和旅客列车运行区段铁路两侧危险物品生产、加工、销售、储存场所、仓库，不符合国家标准、行业标准规定的安全防护距离且未签订安全生产协议的；

（三）在高速铁路和旅客列车运行区段跨越、穿越铁路铺设，或者与铁路平行埋设，或者架设的油气管道不符合国家及行业相关规定的；

（四）高速铁路和旅客列车运行区段两侧的塔杆等高大设施，公跨铁桥梁、公铁并行道路、渡槽、线缆等设备设施（含防撞护栏、防抛网等附属设施）及日常管理不符合国家及行业相关规定的；

（五）在高速铁路两侧 200 米范围内或者有关部门依法设置的地面沉降区域地下水禁止开采区或者限制开采区抽取地下水，影响铁路基础稳定的；

（六）在高速铁路和旅客列车运行区段铁路两侧，从事采矿、采石或者爆破作业，不遵守有关采矿和民用爆破的法律法规、国家标准、行业标准和铁路安全保护要求的；或者在线路两侧及隧道上方中心线两侧各 1000 米范围内从事露天采矿、采石或者爆破作业的；

（七）违反国家《生产建设项目水土保持技术标准》规定，擅自在铁路两侧设置弃土（石、渣）场或者采矿（采空）区，开挖山体、河道等动土作业，造成影响行洪、产生泥石流或者山体滑坡的；

（八）在高速铁路和旅客列车运行区段铁路桥梁跨越处，河道上游 500 米、下游规定范围内（桥长不足 100 米的为 1000 米、桥长 100～500 米的为 2000 米、桥长 500 米以上的为 3000 米）采砂、淘金的；

（九）在高速铁路和旅客列车运行区段铁路桥梁跨越处，河道上下游各 1000 米范围内围垦造田、拦河筑坝、架设浮桥或者修建其他影响铁路桥梁安全设施，或者在河道上下游各 500 米范围内进行疏浚作业的；

（十）在高速铁路和旅客列车运行区段铁路隧道上方山体违规进行钻探作业的；

（十一）高速铁路和旅客列车运行区段两侧铁路地界以外的山坡地水土保持治理不到位，存在溜坍侵入铁路限界现实危险的。

第七条　安全管理重大事故隐患，是指未落实有关法律法规基本要求，未建立或者未落实安全基础管理制度的隐患，有下列情形之一的：

（一）未建立全员安全生产责任制、安全教育培训制度等安全管理制度，或者未建立安全风险分级管控和事故隐患排查治理双重预防工作机制的；

（二）未按规定设置安全生产管理机构、配备专（兼）职安全生产管理人员，或者安全管理相关人员不符合规定的任职要求的；

（三）未按照国家规定足额提取，或者未按照国家、行业规定范围使用安全生产费用的。

第八条　灾害防范及应急处置重大事故隐患，是指未落实相关法律法规、规章标准要求，造成自然灾害防控体系失效，极易直接导致列车脱轨、冲突、相撞、火灾、爆炸重大及以上事故或者人员群死群伤事故的隐患，有下列情形之一的：

（一）高速铁路和旅客列车运行区段自然灾害及异物侵限监测系统主要功能失效未及时修复的；

（二）未制定或者未落实普速铁路旅客列车运行区段Ⅱ级及以上防洪地点和高速铁路防洪重点地段汛期行车安全措施的；

（三）未制定或者未落实自然灾害重大安全风险管控措施的。

第九条　除以上列明的情形外，对其他可能导致铁路交通重特大事故的隐患，由铁路单位依据国家和铁路行业安全生产法律、法规、规章、国家标准和行业标准、规程和安全生产管理制度的规定等进行判定。

第十条　本判定标准自发布之日起实施。

民航安全风险分级管控和隐患排查治理双重预防工作机制管理规定

民航规〔2022〕32 号

1 目的

为贯彻落实《中华人民共和国安全生产法》（以下简称《安全生产法》），明确"安全风险分级管控和隐患排查治理双重预防工作机制"（以下简称双重预防机制）在民航安全管理体系（SMS）内的相关定义，以及基本逻辑关系、功能定位和运转流程，推动 SMS 与双重预防机制的有机融合，更加有效地防范化解安全风险。

2 适用范围

本规定适用于中华人民共和国境内依法设立的建有 SMS 的民航生产经营单位开展的安全风险分级管控和隐患排查治理工作，及民航行政机关相关监管活动。其他民航生产经营单位应作为构建安全管理等效机制的重要参考参照执行。

3 定义

危险源：可能导致民用航空器事故（以下简称"事故"）、民用航空器征候（以下简称"征候"）以及一般事件等后果的条件或者物体。（样例见附录1）

注1：区分危险源和隐患的重要性——国际民航组织在 Doc9859《安全管理手册》中使用 Hazard 代指危险源，并另外提出了"不遵守规章、政策、流程和程序的情况"，以及"防范措施"中的"弱点（weakness）"或"缺陷（deficiency）"。对比

可知，这一提法实质上符合国内关于"隐患"的定义，但Doc9859《安全管理手册》中未在定义部分将这些定义为"隐患"，从而造成一些单位容易在危险源识别和隐患排查中出现概念混淆和记录混乱，特别是当"双重预防机制"上升为法定要求之后，两者的混淆将成为相关管理满足法定要求的阻碍，必须加以区分。

注2：区分危险源和安全隐患的必要性——《安全生产法》中明确将"危险源"和"隐患"列在同一条法条中，本着立法中避免不同名称描述相同含义导致概念混淆的原则，"危险源"和"隐患"出现在同一法条内，意味着应分属不同定义和内涵。《民航安全隐患排查治理长效机制建设指南》（民航规〔2019〕11号）借用了我国90年代安全管理理论中关于危险源划分为第一类、第二类危险源的概念，这一理论中的第二类危险源即"安全隐患"。为避免概念混淆，本办法将取代《民航安全隐患排查治理长效机制建设指南》，不再使用"一类危险源、二类危险源"的表述，后者直接表述为"安全隐患"。

注3：当需要把未经评估或未经培训的关键人员列为危险源时，应注意与"人的不安全行为"区分，后者属于安全隐患的范畴。

注4：根据国际民航组织在Doc9859《安全管理手册》，"危险源是航空活动不可避免的一部分，可被视为系统或其环境内以一种或另一种形式蛰伏的潜在危害，这种潜在危害可能以不同的形式出现，例如：作为自然条件（如地形）或技术状态（如跑道标志）。可见，危险源定义中的"条件"通常指环境因素；"物体"则通常包括运行体系内存在的能量或物质。因此"危险源"的基本描述应尽量使用名词，如"×××可燃物、×××短窄跑道、×××超高障碍物"等，避免与安全隐患或后果混淆。

注5：因《安全生产法》已定义"重大危险源"为"长期地或者临时地生产、搬运、使用或者储存危险物品，且危险物品数量等于或者超过临界量的单元（包括场所和设施）。危险物品，是指易燃易爆物品、危险化学品、放射性物品等能够危及人身安全和财产安全的物品"，且《安全生产法》适用范围包含民航业，民航行政机关无权使用法律或者行政法规以外的规章或规范性文件来变更《安全生产法》中既定的定义，故本咨询通告不再单独定义"重大危险源"。

安全隐患：民航生产经营单位违反法律、法规、规章、标准、规程和安全管理制度规定，或者因风险控制措施失效或弱化可能导致事故、征候及一般事件等后果的人的不安全行为、物的危险状态和管理上的缺陷。按危害程度和整改难

度，分为一般安全隐患和重大安全隐患。（样例见附录2）

注1：《安全生产法》及其他法律、法规、规章以及规范性文件中对安全生产事故隐患、生产安全事故隐患、事故隐患、问题隐患、风险隐患等均有提及，基于民航"安全隐患零容忍"的行业特点，本规定中统一使用"安全隐患"一词，与其他相关概念并无本质差别。

注2：安全隐患的定义主要源于国务院安全生产委员会办公室、原国家安全生产监督总局的定义，该定义沿用至今未发生变化，民航行业使用该定义，能够确保与《安全生产法》相关精神一致。

注3："安全隐患"通常表现为"人的不安全行为、物的不安全状态、管理的缺陷"，因此安全隐患的基本表述应尽量采取"主语＋行为、状态、缺陷"的组合，并尽量与违规或风险管控措施失效或弱化相关联，如"×××人员违反×××、×××车辆阻挡×××、×××手册缺少×××"等，避免与危险源混淆。

注4：民航生产经营单位可以在本管理规定对安全隐患分类的基础上，根据管理需要自行进行细化（如涵盖法定自查的记录要求）。

重大安全隐患：危害和整改难度较大，应当全部或者局部停产停业，并经过一定时间整改治理方能排除的安全隐患，或者因外部因素影响致使民航生产经营单位自身难以排除的安全隐患。

注：重大安全隐患的定义主要源于国务院安全生产委员会办公室、原国家安全生产监督总局的定义，该定义沿用至今未发生变化。民航行业使用该定义，能够确保与《安全生产法》相关精神一致。

安全风险：危险源后果或结果的可能性和严重程度。根据容忍度不同，分为可接受、缓解后可接受、不可接受三级。

注1：亦有翻译为可接受、可容忍、不可容忍，对应关系不变。

注2：民航风险分级沿用国际民用航空组织分级标准，通常为三个等级，与国家安全生产领域"红橙黄蓝"四个风险等级对应关系为：民航的不可接受风险对应国家安全生产领域的重大风险（红）和较大风险（橙）；民航的缓解后可接受风险对应国家安全生产领域的一般风险（黄）；民航的可接受风险对应国家安全生产领域的低风险（蓝）。

重大风险：风险分级评价中被列为"不可接受"的风险，或者被列为"缓解后可接受"但相关控制措施多次出现失效的风险。

剩余风险：实施风险控制措施后仍然存在的安全风险。

注：剩余风险可能包括风险管理中未穷举的风险，也可以认为是一项初始的安全风险在拟采取的风险控制措施后"保留的风险"。实际安全管理中，通常是后者更具现实意义。

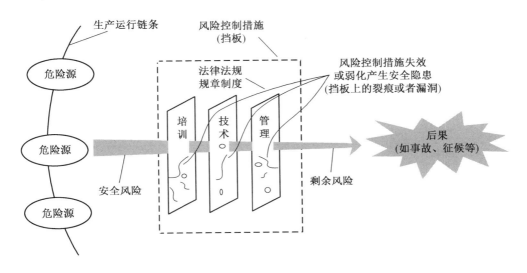

图 1　双重预防机制相关基本概念关系示意

4　参考资料

（1）《中华人民共和国安全生产法》，2021 年。

（2）附件 19《安全管理》第二版，国际民航组织，2016 年。

（3）Doc9859《安全管理手册》第四版，国际民航组织，2018 年。

（4）《民用航空安全管理规定》（CCAR－398），交通运输部，2018 年。

（5）《安全生产事故隐患排查治理暂行规定》，国家安全生产监督管理总局，2007 年。

（6）《安全生产事故隐患排查治理体系建设实施指南》，国务院安委会办公室，2012 年。

（7）《关于实施遏制重特大事故工作指南构建双重预防机制的意见》，国务院安委会办公室，2016 年。

（8）ISO Guide73：2009《风险管理——术语》。

5 一般要求

5.1 工作原则

民航安全风险分级管控和隐患排查治理工作坚持依法合规、务实高效、闭环管理的原则，围绕事前预防，推动从源头上防范风险、从根本上消除安全隐患。双重预防机制是民航安全管理体系的核心内容，建设和实施过程中应当遵循有机融合、一体化运行的原则。

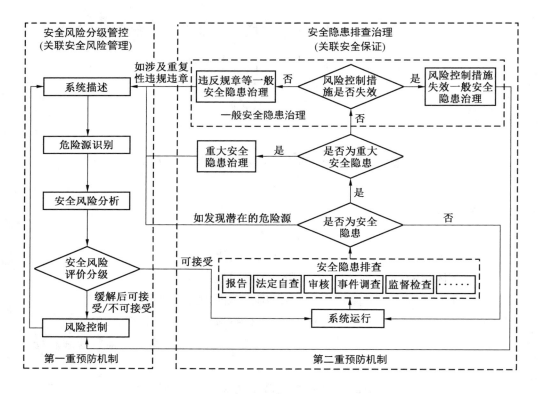

图2 民航SMS相关要素与双重预防机制融合流程

注1：双重预防机制的第一重预防机制——安全风险分级管控，对应民航SMS的第二大支柱——安全风险管理，本质相同。双重预防机制的第二重预防机制——安全隐患排查治理，属于民航安全管理体系的第三大支柱——安全保证的一部分，安全隐患排查同时也是获取安全绩效监测数据的一种方式，并且可能

发现新的危险源。

注2：图2进行了适当简化以便于理解基本逻辑和流程，省略安全绩效监视与测量、数据分析、系统评价等安全管理有关内容，各民航生产经营单位在双重预防机制建设过程中可结合本单位实际，参考其他规范性文件进行补充完善。

5.2 责任主体

民航生产经营单位作为安全生产的责任主体，应当在SMS框架下构建双重预防机制，有效消除安全隐患、防范化解安全风险，并向从业人员如实告知作业场所和工作岗位存在的危险因素、防范措施及事故应急措施。

5.3 监管主体

中国民用航空局（以下简称民航局）负责协调、指导行业范围内的民航双重预防机制的建立和落实。中国民用航空地区管理局（以下简称地区管理局）和中国民用航空安全监督管理局（以下简称监管局）负责对辖区内民航生产经营单位双重预防机制的建立和落实情况实施监管。

6 民航生产经营单位职责

6.1 负责人的职责

（1）民航生产经营单位的主要负责人是本单位安全生产第一责任人，对本单位安全生产工作全面负责，在SMS框架内组织建立并落实双重预防机制，督促、检查本单位的安全生产工作，及时消除安全隐患。

（2）其他负责人按照"三管三必须"的原则对职责范围内的安全风险分级管控和隐患排查治理工作负责。

注：生产经营单位的主要负责人因生产经营单位的法律组织形式不同而有所不同。根据《关于进一步强化安全生产责任落实坚决防范遏制重特大事故的若干措施》（简称"十五条硬措施"），主要负责人通常指生产经营单位法定代表人、实际控制人、实际负责人。

6.2 部门的职责

（1）安全管理部门负责组织开展危险源识别、风险分析和评价分级，拟订或组织其它业务部门拟订相关风险控制措施，督促落实本单位重大危险源、重大风险的安全管理措施；检查本单位的安全生产状况，及时排查安全隐患，提出改进安全生产管理的建议；如实记录本单位安全隐患排查治理情况，并向从业人员通报。

注："安全管理部门"在民航生产经营单位中存在"安监、航安、安质、安管"等不同名称，但本质上都是《安全生产法》中要求的"安全生产管理机构"，即企业内部设立的独立主管安全生产管理事务的部门。

（2）其他部门按照"三管三必须"的原则，履行民航生产经营单位内部管理规定的相应职责，并按规定参与或独立开展危险源识别，风险分析和评价分级，以及拟定风险控制措施，及时排查治理职责范围内的安全隐患。

6.3 从业人员的职责

民航生产经营单位的从业人员应当严格执行本单位的安全生产和安全管理制度和操作规程，发现安全隐患或者其他不安全因素，应当立即向现场安全管理人员或者本单位负责人报告。

6.4 工会的职责

民航生产经营单位的工会发现安全隐患时，有权提出解决的建议。

6.5 外包方的监管职责

民航生产经营项目、场所发包或者出租给其他单位的，可能危及对方生产安全的，民航生产经营单位应当与承包、承租单位签订安全生产管理协议，明确各方对安全生产风险分级管控和隐患排查治理的管理职责。民航生产经营单位对承包、承租单位的安全生产工作负有统一协调、管理的职责。

6.6 同一作业区域的监督职责

在同一作业区域内存在两个以上生产经营单位同时进行生产经营活动，可能危及对方生产安全的，应当签订安全生产管理协议，明确各自安全生产管理职责、安全风险管控措施和安全隐患治理措施，并指定专职安全管理人员进行安全检查与协调。

民用机场等特定运行场景下另有规定的，从其规定。

7 安全风险分级管控

7.1 总体要求

民航生产经营单位应当建立健全安全风险分级管控制度，并根据图 2 所示，清晰、明确地接入 SMS 的"安全风险管理"流程。该制度应当包括对安全风险分级管控的职责分工、系统描述、危险源识别、风险分析、风险评价分级和风险控制过程，以及安全风险分级管控台账等管理要求。

7.2 系统描述

（1）基本要素。参照 Doc9859《安全管理手册》的相关要求，"系统描述"是《安全管理体系手册》的必要内容，应当至少包括组织机构、业务流程、可能涉及的设施设备、运行环境、规章制度和操作规程，以及接口的描述，以界定 SMS 及其子系统的边界，确定双重预防机制在体系内的特征。

（2）作用。使用系统描述可以使民航生产经营单位能够更清晰地了解其众多的内外部交互系统和接口，有助于更好地定位危险源、安全隐患并管控相关风险。同时，及时更新系统描述还有助于了解各种变动对 SMS 流程和程序的影响，满足 SMS "变更管理"对系统描述进行检查的相关要求。

（3）格式。系统描述通常包含带有必要注释的组织机构图、核心业务流程图（包含内外部接口），及各项相关政策、程序的列表，但民航生产经营单位应当使用适合其自身的方法和格式编制适合本单位运行特点和复杂程度的系统描述。

注：基于"系统描述"开展"系统与工作分析"的记录，作为识别危险源的过程记录，可由各单位按照易理解、可操作、可追溯的原则确定格式。

7.3 危险源识别

民航生产经营单位应当综合使用被动和主动的方法，识别与其航空产品或服务有关、影响航空安全的危险源，描述危险源可能导致的事故、征候以及一般事件等后果，从而梳理出危险源与后果之间存在可能性的风险路径。

对重大危险源应当专门登记建档，进行定期检测、评估、监控，并制定应急预案，告知从业人员和相关人员在紧急情况下应采取的应急措施。民航生产经营单位应当按国家有关规定将本单位重大危险源及有关管控措施、应急措施报所在地地方人民政府应急管理部门和所在地监管局备案，并抄报所在地地区管理局。

7.4 风险分析和风险评价分级

民航生产经营单位应当明确安全风险分级标准，对其所识别的、影响航空安全的危险源进行风险分析和评价分级，从高到低分为不可接受风险、缓解后可接受风险和可接受风险三个等级（采用更多等级的单位，需明确对应关系）。

安全风险矩阵和分级标准由民航生产经营单位按民航局相关业务文件规定和本单位特点自行制定。安全风险指数采用字母与数字组合或单纯的数值来表示都是可接受的。

7.5 风险控制

民航生产经营单位应依据危险源识别和安全风险评价分级结果，按"分级管控"原则建立健全风险管控工作机制。

（1）对于重大危险源和重大风险，由主要负责人组织相关部门制定风险控制措施及专项应急预案。

（2）对于其他缓解后可接受风险，由安全管理部门负责组织相关部门制定风险控制措施。

（3）对于可接受风险，仍认为需要进一步提高安全性的，可由相关部门自行制定措施，但要避免层层加码。

对于涉及组织机构、政策程序调整等需要较长时间的风险管控措施，民航生产经营单位应当采取临时性安全措施将安全风险控制在可接受范围，且上述类型的风险控制措施制定后，应当重新回到系统描述，按需开展变更管理，并分析和评价剩余风险可接受后，方可转入系统运行环节。

7.6 安全风险分级管控台账

民航生产经营单位应当利用信息化技术对风险分级管控工作进行动态监控，建立台账，至少如实记录危险源名称、危险源所在部门、是否重大危险源、危险源可能导致的后果、现有风险控制措施、风险分级评价、计划风险控制措施、风险控制措施落实效果等安全风险分级管控情况。

注：安全风险分级管控台账即危险源清单，可参见附录1的样例，本规定样例中未包含安全绩效管理有关内容。

8 安全隐患排查治理

8.1 总体要求

民航生产经营单位应当建立健全并落实本单位的安全隐患排查治理制度，该制度包括对安全隐患排查治理的职责分工、安全隐患排查、重大安全隐患治理、一般安全隐患治理和安全隐患排查治理台账等管理要求。

要通过立整立改或制定等效措施等方法，确保可能导致风险失控的安全隐患"动态清零"，即：针对排查发现的安全隐患，应当立即采取措施予以消除；或对于无法立即消除的安全隐患，制定临时性等效措施管控由于受该安全隐患影响而可能失控的风险，并制定整改措施、确定整改期限且在整改完成前定期评估临时性等效措施的有效性。

8.2 安全隐患排查

民航生产经营单位应当根据自身特点，采取但不限于安全信息报告、法定自查、安全审计、SMS审核以及配合行政检查等各种方式进行安全隐患排查。

如发现重大安全隐患，应按照8.3的要求进行治理；如发现一般安全隐患，应当按照8.4的要求进行治理；排查中如发现潜在的危险源，应回溯到"7.2 系统描述"进行定位和梳理，适时启动安全风险分级管控流程识别危险源并管控相关风险；如评估发现的问题不属于上述任何一类，可选择是否改进后，回到系统运行环节。

8.3 重大安全隐患治理

对于重大安全隐患，民航生产经营单位应当至少：

（1）及时停止使用相关设施、设备，局部或者全部停产停业，并立即报告所在地监管局，抄报所在地地区管理局。

（2）回溯到"7.2 系统描述"环节进行梳理，按照"7.安全风险分级管控"要求启动安全风险管理，制定治理方案。

（3）组织制定并实施治理方案，落实责任、措施、资金、时限和应急预案，消除重大安全隐患。

（4）被责令局部或者全部停产停业的民航生产经营单位，完成重大安全隐患治理后，应当组织本单位技术人员和专家，或委托具有相应资质的安全评估机构对重大安全隐患治理情况进行评估；确认治理后符合安全生产条件，向所在地监管局提出书面申请（包括治理方案、执行情况和评估报告），经审查同意后方可恢复生产经营。

8.4　一般安全隐患治理

（1）对于排查出来风险控制措施失效或弱化产生的一般安全隐患，治理过程中应当回溯到"7.5　风险控制"环节对风险控制措施进行审查和调整；对于涉及组织机构、政策程序调整等需要较长时间的风险管控措施，民航生产经营单位应当采取临时性安全措施将安全风险控制在可接受范围，且上述类型的风险控制措施制定后，应当重新回到"7.2　系统描述"，按需开展变更管理，并分析和评价剩余风险可接受后，方可转入系统运行环节。

（2）对于暂未关联到已有风险管控措施、因违规违章等情况被确定的安全隐患，如涉及重复性违规违章行为，回溯到本规定"7.2　系统描述"环节进行梳理，并按需启动安全风险管理；如不属于重复性违规违章，可立即整改并关闭。

8.5　安全隐患排查治理台账

民航生产经营单位应当：

（1）建立安全隐患排查治理台账（即安全隐患清单，参见附录2样例），如实记录安全隐患名称、类别、原因分析（如适用）、关联的风险控制措施、可能关联的后果（如适用）、整改措施、治理效果验证情况等安全隐患排查治理情况。已经完成整改闭环的安全隐患可标记关闭，不再统计在本单位安全隐患总数内，但安全管理的数据库，以及判定重复性、顽固性安全隐患的比对资料，应当长期保存，不得随意篡改或删除。

（2）对重大安全隐患除填入安全隐患清单外，还应建立专门的信息档案，包括重大安全隐患的治理方案、复查验收报告以及报送情况等各种记录和文件。

（3）通过职工大会或者职工代表大会、信息公示栏等方式向从业人员通报安全隐患排查治理情况。

9 监督检查

9.1 监督检查重点

民航行政机关在对各业务系统民航生产经营单位的 SMS 检查时应包含以下重点内容：

（1）安全风险分级管控和隐患排查治理的制度建设和实施情况。

（2）安全风险分级管控和隐患排查治理台账建立情况。

（3）重大风险的管控措施落实情况。

（4）重大危险源的管控情况。

（5）重大安全隐患的治理情况。

（6）未能按期关闭的安全隐患及重复性违规违章类的安全隐患治理情况。

9.2 推动安全隐患动态清零

对于民航行政机关检查发现的安全隐患，应当责令立即治理，并建立健全安全隐患治理督办制度，以安全隐患"动态清零"为目标，督促民航生产经营单位落实安全隐患排查治理工作。

（1）对于治理难度高且尚未构成重大安全隐患的一般安全隐患应当重点记录、跟踪督办。

（2）对于检查发现或接报的重大安全隐患要登记建档，指定专责部门挂牌督办，录入信息系统。必要时，应当将重大安全隐患治理情况通报该单位上级主管部门，或报告同级人民政府对重大安全隐患实施挂牌督办，落实《安全生产法》关于相互配合、齐抓共管、信息共享、资源共用的安全监管要求，共同督促民航生产经营单位消除重大安全隐患。

（3）重大安全隐患排除前或者排除过程中无法保证安全的，应当责令从危险区域内撤出作业人员，责令暂时停产停业或者停止使用相关设施、设备。

（4）重大安全隐患治理完成，收到民航生产经营单位提出的书面申请后，由所在地地区管理局或授权监管局组织现场审查，审查合格后，方可对重大安全隐患进行核销，同意恢复生产经营和使用。

9.3 责任追究

民航生产经营单位未按照规定落实民航安全风险分级管控和隐患排查治理工

作的，依法进行处理。

10 生效与废止

本咨询通告自 2022 年 9 月 30 日生效，《关于印发民用航空重大安全事项挂牌督办及整改工作暂行办法的通知》（民航发〔2011〕120 号）、《民航安全隐患排查治理长效机制建设指南》（民航规〔2019〕11 号）废止。

本咨询通告生效起一年内为过渡期，期间各地区、各单位应当逐步完善相关制度及数据库。

附录1 安全风险分级管控样例（危险源清单）

编号	危险源识别					风险分析和风险评价分级						风险控制措施（如风险处于可接受，可填写"不涉及"）	剩余风险（参照第三章剩余风险定义及注释）				
	危险源名称（参照第三章危险源定义及注释4）	危险源管理的主责部门	重大危险源	危险源来源	可能导致的后果（事故、征候、一般事件等）	现有风险控制措施（针对危险源已有的规章制度和操作规程、技术、培训等）	风险分级（参照第七章7.4）						可能性	严重性	风险值	风险评价分级	是否衍生新的危险源（如是，填写新危险源名称和编号）
							可能性	严重性	风险值	风险评价分级							
1	×××等3个机场冬季湿滑或污染跑道	飞行部（航空公司）	否	事件调查	飞机冲出跑道	1. 模拟机训练中有湿滑跑道的训练科目。2. FOCM手册中有湿滑跑道的起降标准和程序。	4	B	4B	不可接受风险		1. 一个定检周期内有过刹车系统故障的飞机不运行该机场。2. 结合QAR监控状况，在模拟机复训中增加部分飞行员湿滑跑道起降训练不少于2次/场；3. 在换季学习中增强跑道着陆时的学习内容，培训飞行机组强化主动了解天气变化趋势和雪情通告的意识。4. 细化报告和雪情通告有相关内容，飞行机组要准确认该新的道面状况掌握污染跑道和污染物导致跑道变窄的信息。5. 在现有标准框架下，进一步明确确保湿滑跑道飞行机组严格按程序评估运行限制与侧风标准，作为冬季飞行前准备按程序查项、抽查，要求差不低于50%。6. 下发警示，要求配备起降门和飞行机组严格防范跑道的偏出跑道风险。做好性能分析，防范起降时偏出跑道。	1	B	1B	可接受	
2	××机场春季低空风切变、强乱流	飞行部（航空公司）	否	自愿报告统计	飞机可控撞地	1. 运行手册天气标准。2. 机组训练手册颠簸、风切变处置程序。3. 模拟机复训科目。	2	A	2A	缓解后可接受风险		1. 报告及数据分析中乱流，风切变最集中的3—4月份，调整部分航班时刻，起降时刻高的时段，降低遇到极端天气的可能性。2. 并增加签派席位专项监控程序、预报、实况存在风切变或大风时及时提醒机组。3. 排班确认3—4月份放飞该机场的机组，最近一次复训中无风切变处置，稳定进近方面的不符合记录。且航空进行提前向机场发放××机场航前准备提示等。	1	A	1A	可接受	

编号	安全隐患名称（参照第三章安全隐患定义及重大安全隐患定义注释3）	重大安全隐患（参照第三章重大安全隐患定义）	隐患的类别（参照第八章8.4）	原因分析（如适用）	关联的风险控制措施（法规、制度或者风险控制措施的具体要求）	关联的后果（如适用）	来源	发现时间	整改单位/部门	整改时间	整改措施	整改资金（如适用用）	应急预案（涉及重大隐患时填写）	措施验证人	措施验证时间	治理效果验证情况	是否关闭	关闭时间
1	某进近管制部分管制员违反管制协议，向相邻管制单位过早进行电子移交。	否	风险控制措施失效	1. 部分管制员对管制协议向相关内容存在误解。2. 进近管制室对管制协议开展了培训，但无相关考核。3. 进近管制的《业务培训管理规定》中没有明确需要考核的条件及要求。	进近管制室的《业务培训管理规定》规定：协议签订后，应对全体人员开展不少于2小时的培训。	飞行冲突	内部检查	2022/1/3	进近管制室	2022/1/9	1. 修订进近管制室《业务培训管理规定》，增加对管制培训后应受训后应对受训人员进行考核，不合格到直到补考合格后可上岗的要求。2. 进近管制对全体人员开展培训，对不合格的人员进行补考、考核，直到全体人员考核合格。	无		安质部检查员	2022/2/1	1. 2022年2月1日检查了进近管制室修订的《业务培训管理规定》，该规定明确对受训人员进行考核，不合格的直到补考合格后方可上岗的要求。2. 2022年2月1日检查进近管制室对管制人员进行了培训和考核记录，均已经考核合格。3. 2022年2月1日随机抽查了过去两个月中每周各1小时的录像，没有发现进近管制过早进行电子移交的情况。	是	2022/3/1

附录 2（续）

编号	安全隐患名称（参照第三章安全定义及重大安全隐患定义注释3）	重大安全隐患（参照第三章安全定义及重大安全隐患定义）	隐患的类别（参照第八章8.4）	原因分析（如适用）	关联的风险控制措施（法规、制度或者风险控制措施的具体要求）	关联的后果（如适用）	来源	发现时间	整改单位部门	整改时间	整改措施	整改资金（如适用）	应急预案（涉及重大隐患时填写）	措施验证人	措施验证时间	治理效果验证情况	是否关闭	关闭时间
2	货运平板车阻挡车加油前方的紧急通道。	否	重复性违规违章	1. 作业人员违反车辆靠机作业规范。2. 作业人员对加油车紧急通道的要求不熟悉。	公司《航站运行手册》"航空器活动区道路交通管理规则"第××条"当飞机正在加油时，在停机位内的车辆不得阻挡加油车前方的紧急通道。	1. 紧急情况下阻挡加油车的撤离。2. 车辆与飞机或车辆与车辆碰撞	日常安全检查	2022/1/3	货运部	2022/1/5	1. 对违规操作人员进行批评教育并现场纠正。2. 组织处学习《航空器活动区道路交通管理规则》的相关要求。3. 安质部组织对车辆靠机作业安全检查每周3次由每周至少次增加到5次，并协助机场进行视频进行视频检查。	无		货运部安全质量经理	2022/2/3	1. 2022年2月3日检查了装卸处员工学习《航空器活动区道路交通管理规则》的记录，所有员工学习记录和考核合格。2. 2022年2月3日随机抽查过去两个月的车辆靠机作业检查记录，连续两个月没有发生类似违规事作。	是	2022/3/6

水利部办公厅关于印发水利工程生产安全重大事故隐患清单指南（2021年版）的通知

办监督〔2021〕364号

部机关各司局，部直属各单位，各省、自治区、直辖市水利（水务）厅（局），新疆生产建设兵团水利局：

根据《中华人民共和国安全生产法》《水库大坝安全管理条例》和《水利工程建设安全生产管理规定》等法律法规和部门规章，为进一步完善水利安全生产双重预防机制建设，准确判定、及时整改水利工程生产安全重大事故隐患，防范生产安全事故发生，结合水利行业实际，水利部监督司组织对2017年印发的水利工程生产安全重大事故隐患判定清单（指南）进行修订。现将水利工程生产安全重大事故隐患清单指南（2021年版）（以下简称清单）印发给你单位，并就贯彻执行工作提出如下要求。

一、事故隐患排查治理是水利安全生产工作的重点，科学判定重大事故隐患并有效治理是防范风险的关键。各级水行政主管部门要进一步提高认识，认真组织做好隐患排查治理工作，强化对本辖区（单位）内有关单位相关工作的指导和监督，督促水利生产经营单位及时发现和消除事故隐患。

二、水利工程建设各参建单位和运行管理单位是事故隐患判定工作的主体。清单中列出了重大事故隐患内容，各单位可按照清单直接判定隐患等级。对于排查出的事故隐患，有关责任单位要立即组织整改，不能立即整改的，要做到整改责任、资金、措施、时限和应急预案"五落实"。重大事故隐患及其整改进展情况需经本单位负责人同意后报有管辖权的水行政主管部门，同时，在水利安全生产信息系统中逐级上报。

三、地方各级水行政主管部门要建立健全并落实重大事故隐患治理督办制度，督促水利生产经营单位消除重大事故隐患。对重大事故隐患整改不力的要实行约谈告诫、公开曝光，情节严重的依法依规严肃问责。

清单执行中如有疑问，请及时向水利部监督司反馈。

联 系 人：石青泉

联系方式：010 – 63203262

附件：1. 水利工程建设项目生产安全重大事故隐患判定清单指南
      2. 水利工程运行管理生产安全重大事故隐患判定清单指南

水利部办公厅

2021 年 12 月 9 日

附件 1

水利工程建设项目生产安全重大事故
隐患判定清单指南

序号	类别	管理环节	隐患编号	隐 患 内 容
1	基础管理	人员管理	SJ – J001	项目法人和施工企业未按规定设置安全生产管理机构或未按规定配备专职安全生产管理人员；施工企业主要负责人、项目负责人和专职安全生产管理人员未按规定持有效的安全生产考核合格证书；特种（设备）作业人员未持有效证件上岗作业
2		方案管理	SJ – J002	无施工组织设计施工；危险性较大的单项工程无专项施工方案；超过一定规模的危险性较大单项工程的专项施工方案未按规定组织专家论证、审查擅自施工；未按批准的专项施工方案组织实施；需要验收的危险性较大的单项工程未经验收合格转入后续工程施工
3	临时工程	营地及施工设施建设	SJ – J003	施工工厂区、施工（建设）管理及生活区、危险化学品仓库布置在洪水、雪崩、滑坡、泥石流、塌方及危石等危险区域
4		临时设施	SJ – J004	宿舍、办公用房、厨房操作间、易燃易爆危险品库等消防重点部位安全距离不符合要求且未采取有效防护措施；宿舍、办公用房、厨房操作间、易燃易爆危险品库等建筑构件的燃烧性能等级未达到 A 级；宿舍、办公用房采用金属夹芯板材时，其芯材的燃烧性能等级未达到 A 级

序号	类别	管理环节	隐患编号	隐 患 内 容
5	临时工程	围堰工程	SJ－J005	围堰不符合规范和设计要求；围堰位移及渗流量超过设计要求，且无有效管控措施
6		临时用电	SJ－J006	施工现场专用的电源中性点直接接地的低压配电系统未采用 TN－S 接零保护系统；发电机组电源未与其他电源互相闭锁，并列运行；外电线路的安全距离不符合规范要求且未按规定采取防护措施
7		脚手架	SJ－J007	达到或超过一定规模的作业脚手架和支撑脚手架的立杆基础承载力不符合专项施工方案的要求，且已有明显沉降；立杆采用搭接（作业脚手架顶步距除外）；未按专项施工方案设置连墙件
8		模板工程	SJ－J008	爬模、滑模和翻模施工脱模或混凝土承重模板拆除时，混凝土强度未达到规定值
9		危险物品	SJ－J009	运输、使用、保管和处置雷管炸药等危险物品不符合安全要求
10	专项工程	起重吊装与运输	SJ－J010	起重机械未按规定经有相应资质的检验检测机构检验合格后投入使用；起重机械未配备荷载、变幅等指示装置和荷载、力矩、高度、行程等限位、限制及连锁装置；同一作业区两台及以上起重设备运行未制定防碰撞方案，且存在碰撞可能；隧洞竖（斜）井或沉井、人工挖孔桩井载人（货）提升机械未设置安全装置或安全装置不灵敏
11		起重吊装与运输	SJ－J011	大中型水利水电工程金属结构施工采用临时钢梁、龙门架、天锚起吊闸门、钢管前，未对其结构和吊点进行设计计算、履行审批审查验收手续，未进行相应的负荷试验；闸门、钢管上的吊耳板、焊缝未经检查检测和强度验算投入使用
12		高边坡、深基坑	SJ－J012	断层、裂隙、破碎带等不良地质构造的高边坡，未按设计要求及时采取支护措施或未经验收合格即进行下一梯段施工；深基坑土方开挖放坡坡度不满足其稳定性要求且未采取加固措施

序号	类别	管理环节	隐患编号	隐 患 内 容
13	专项工程	隧洞施工	SJ-J013	遇到下列九种情况之一，未按有关规定及时进行地质预报并采取措施：1. 隧洞出现围岩不断掉块，洞室内灰尘突然增多，喷层表面开裂，支撑变形或连续发出声响。2. 围岩沿结构面或顺裂隙错位、裂缝加宽、位移速率加大。3. 出现片帮、岩爆或严重鼓胀变形。4. 出现涌水、涌水量增大、涌水突然变浑浊、涌沙。5. 干燥岩质洞段突然出现地下水流，渗水点位置突然变化，破碎带水流活动加剧，土质洞段含水量明显增大或土的形状明显软化。6. 洞温突然发生变化，洞内突然出现冷空气对流。7. 钻孔时，钻进速度突然加快且钻孔回水消失，经常发生卡钻。8. 岩石隧洞掘进机或盾构机发生卡机或掘进参数、掘进载荷、掘进速度发生急剧的异常变化。9. 突然出现刺激性气味；断层及破碎带缓倾角节理密集带岩溶发育地下水丰富及膨胀岩体地段和高地应力区等不良地质条件洞段开挖未根据地质预报针对其性质和特殊的地质问题制定专项保证安全施工的工程措施；隧洞Ⅳ类、Ⅴ类围岩开挖后，支护未紧跟掌子面
14		隧洞施工	SJ-J014	洞室施工过程中，未对洞内有毒有害气体进行检测、监测；有毒有害气体达到或超过规定标准时未采取有效措施
15		设备安装	SJ-J015	蜗壳、机坑里衬安装时，搭设的施工平台（组装）未经检查验收即投入使用；在机坑中进行电焊、气割作业（如水机室、定子组装、上下机架组装）时，未设置隔离防护平台或铺设防火布，现场未配备消防器材
16		水上作业	SJ-J016	未按规定设置必要的安全作业区或警戒区；水上作业施工船舶施工安全工作条件不符合船舶使用说明书和设备状况，未停止施工；挖泥船的实际工作条件大于SL17—2014表5.7.9中所列数值，未停止施工
17		防洪度汛	SJ-J017	有度汛要求的建设项目未按规定制定度汛方案和超标准洪水应急预案；工程进度不满足度汛要求时未制定和采取相应措施；位于自然地面或河水位以下的隧洞进出口未按施工期防洪标准设置围堰或预留岩坎
18	其他	液氨制冷	SJ-J018	氨压机车间控制盘柜与氨压机未分开隔离布置；未设置、配备固定式氨气报警仪和便携式氨气检测仪；未设置应急疏散通道并明确标识
19		安全防护	SJ-J019	排架、井架、施工电梯、大坝廊道、隧洞等出入口和上部有施工作业的通道，未按规定设置防护棚
20		设备检修	SJ-J020	混凝土（水泥土、水泥稳定土）拌合机、TBM及盾构设备刀盘检修时未切断电源或开关箱未上锁且无人监管

附件 2

水利工程运行管理生产安全重大事故
隐患判定清单指南

序号	管理对象	隐患编号	隐 患 内 容
1	水利工程通用	SY－T001	有泄洪要求的闸门不能正常启闭；泄水建筑物堵塞，无法正常泄洪；启闭机自动控制系统失效
2		SY－T002	有防洪要求的工程未按照设计和规范设置监测、观测设施或监测、观测设施严重缺失；未开展监测观测
3	水库大坝工程	SY－K001	大坝安全鉴定为三类坝，未采取有效管控措施
4		SY－K002	大坝防渗和反滤排水设施存在严重缺陷；大坝渗流压力与渗流量变化异常；坝基扬压力明显高于设计值，复核抗滑安全系数不满足规范要求；运行中已出现流土、漏洞、管涌、接触渗漏等严重渗流异常现象；大坝超高不满足规范要求；水库泄洪能力不满足规范要求；水库防洪能力不足
5		SY－K003	大坝及泄水、输水等建筑物的强度、稳定、泄流安全不满足规范要求，存在危及工程安全的异常变形或近坝岸坡不稳定
6		SY－K004	有泄洪要求的闸门、启闭机等金属结构安全检测结果为"不安全"，强度、刚度及稳定性不满足规范要求；或维护不善，变形、锈蚀、磨损严重，不能正常运行
7		SY－K005	未经批准擅自调高水库汛限水位；水库未经蓄水验收即投入使用
8	水电站工程	SY－D001	小型水电站安全评价为 C 类，未采取有效管控措施
9		SY－D002	主要发供电设备异常运行已达到规程标准的紧急停运条件而未停止运行；可能出现六氟化硫泄漏、聚集的场所，未设置监测报警及通风装置；有限空间作业未经审批或未开展有限空间气体检测
10	泵站	SY－B001	泵站综合评定为三类、四类，未采取有效管控措施
11	水闸工程	SY－Z001	水闸安全鉴定为三类、四类闸，未采取有效管控措施
12		SY－Z002	水闸的主体结构不均匀沉降、垂直位移、水平位移超出允许值，可能导致整体失稳，止水系统破坏
13		SY－Z003	水闸监测发现铺盖、底板、上下游连接段底部掏空存在失稳的可能

序号	管理对象	隐患编号	隐 患 内 容
14	堤防工程	SY－F001	堤防安全综合评价为三类，未采取有效管控措施
15		SY－F002	堤防渗流坡降和覆盖层盖重不满足标准的要求，或工程已出现严重渗流异常现象
16		SY－F003	堤防及防护结构稳定性不满足规范要求，或已发现危及堤防稳定的现象
17	引调水及灌区工程	SY－YG001	渡槽及跨渠建筑物地基沉降量超过设计要求；排架倾斜较大，水下基础露空较大，超过设计要求；渡槽结构主体裂缝多，碳化破损严重，止水失效，漏水严重
18		SY－YG002	隧洞洞脸边坡不稳定；隧洞围岩或支护结构严重变形
19		SY－YG003	高填方或傍山渠坡出现管涌等渗透破坏现象或塌陷、边坡失稳等现象
20	淤地坝工程	SY－NK001	下游影响范围有村庄、学校、工矿等的大中型淤地坝无溢洪道或无放水设施；坝体坝肩出现贯通性横向裂缝和纵向滑动性裂缝；坝坡出现破坏性滑坡、塌陷、冲沟，坝体出现冲缺、管涌、流土；放水建筑物（卧管、竖井、涵洞、涵管等）或溢洪道出现损毁、断裂、坍塌、基部掏刷、悬空

国家能源局关于印发《水电站大坝工程隐患治理监督管理办法》的通知

国能发安全规〔2022〕93 号

各省（自治区、直辖市）能源局，有关省（自治区、直辖市）及新疆生产建设兵团发展改革委、工业和信息化主管部门，北京市城市管理委，各派出机构，大坝中心，全国电力安委会各企业成员单位：

为加强水电站大坝运行安全监督管理，规范水电站大坝工程隐患的排查治理工作，我局对《水电站大坝除险加固管理办法》（电监安全〔2010〕30 号）进行了修订，形成《水电站大坝工程隐患治理监督管理办法》。现印发给你们，请遵照执行。

国家能源局

2022 年 10 月 19 日

水电站大坝工程隐患治理监督管理办法

第一章 总 则

第一条 为了加强水电站大坝运行安全监督管理，规范水电站大坝工程隐患的排查治理工作，根据《中华人民共和国安全生产法》《水库大坝安全管理条例》《水电站大坝运行安全监督管理规定》等法律、法规和规章，制订本办法。

第二条 本办法适用于按照《水电站大坝运行安全监督管理规定》纳入国家能源局监督管理范围的水电站大坝（以下简称大坝）。

第三条 电力企业是大坝工程隐患排查治理的责任主体，其主要负责人为大坝工程隐患排查治理的第一责任人。

电力企业应当明确大坝工程隐患排查治理的目标和任务，制定隐患治理计划和治理方案，落实人、财、物、技术等资源保障。

第四条　国家能源局对大坝工程隐患治理实施综合监督管理。国家能源局派出机构（以下简称派出机构）对辖区内大坝工程隐患治理实施监督管理。承担水电站项目核准和电力运行管理的地方各级电力管理等有关部门（以下简称地方电力管理部门）依照国家法律法规和有关规定，对本行政区域内大坝工程隐患治理履行地方管理责任。国家能源局大坝安全监察中心（以下简称大坝中心）对大坝工程隐患治理提供技术监督和管理保障。

第五条　大坝工程隐患按照其危害严重程度，分为特别重大、重大、较大、一般等四级。

大坝较大以上（含较大，下同）工程隐患的治理应当进行专项设计、专项审查、专项施工和专项验收。

第二章　隐　患　确　认

第六条　大坝特别重大工程隐患，是指大坝存在以下一种或者多种工程问题、缺陷，并且经过分析论证，即使在采取控制水库运行水位措施、尽最大可能降低水库水位的条件下，在设防标准内仍然可能导致溃坝或者漫坝的情形：

（一）防洪能力严重不足；

（二）大坝整体稳定性不足；

（三）存在影响大坝运行安全的坝体贯穿性裂缝；

（四）坝体、坝基、坝肩渗漏严重或者渗透稳定性不足；

（五）泄洪消能建筑物严重损坏或者严重淤堵；

（六）泄水闸门、启闭机无法安全运行；

（七）枢纽区存在影响大坝运行安全的严重地质灾害；

（八）严重影响大坝运行安全的其他工程问题、缺陷。

大坝重大工程隐患，是指大坝存在本条第一款规定的一种或者多种工程问题、缺陷，并且经过分析论证，在采取控制水库运行水位措施、尽最大可能降低水库水位的条件下，在设防标准内一般不会导致溃坝或者漫坝的情形。

大坝较大工程隐患，是指大坝存在本条第一款规定的一种或者多种工程问题、缺陷，并且经过分析论证，无需采取控制水库水位措施，在设防标准内一般不会导致溃坝或者漫坝的情形。

大坝一般工程隐患，是指大坝存在工程问题、缺陷，已经或者可能影响大坝运行安全，但其危害尚未达到较大工程隐患严重程度的情形。

第七条　大坝工程隐患，可由电力企业自查确认，也可由派出机构、地方电力管理部门、大坝中心在日常监督管理或者大坝安全定期检查、特种检查等工作中确认。确认标准按照本办法第六条以及电力安全隐患监督管理相关规定执行。

第八条　大坝工程隐患确认时间，是指电力企业自查确认的时间；派出机构、地方电力管理部门在监督管理过程中提出明确意见的时间；大坝中心印发大坝安全定期检查、特种检查审查意见的时间，以及提出大坝其他工程隐患督查意见的时间。

第九条　电力企业对自查确认的大坝较大以上工程隐患，应当立即书面报告派出机构、地方电力管理部门以及大坝中心。派出机构、地方电力管理部门以及大坝中心对各自确认的大坝较大以上工程隐患，除了应当及时通知电力企业之外，还应当同时相互抄送告知。

大坝较大以上工程隐患涉及防汛、环保、航运等事项的，隐患确认单位还应当同时告知地方政府相关主管部门。

第三章　隐　患　治　理

第十条　大坝工程隐患确认之日起的两个月内，电力企业应当将隐患治理计划报送大坝中心；对于较大以上的工程隐患，电力企业还应当将治理计划报送派出机构和地方电力管理部门。

第十一条　电力企业应当委托大坝原设计单位或者具有相应资质的设计单位，对大坝较大以上工程隐患的治理方案进行专项设计。

第十二条　电力企业应当委托大坝设计方案的原审查单位或者具有相应资质的审查单位，对大坝较大以上工程隐患的治理方案进行专项审查。

第十三条　大坝较大以上工程隐患治理方案专项审查通过后的一个月内，电力企业应当将通过审查或者按照审查意见修改后的治理方案报请大坝中心开展安全性评审。通过安全性评审后，电力企业应当将治理方案报送派出机构和地方电力管理部门。

第十四条　大坝较大以上工程隐患的治理方案涉及大坝原设计功能改变或者调整的部分，电力企业应当依法依规报请项目核准（审批）部门批准。

第十五条 大坝较大以上工程隐患的治理，应当由电力企业委托具有相应资质的制造、安装、施工、维修和监理单位实施。

第十六条 电力企业应当严格按照大坝工程隐患治理计划和治理方案明确的时限、质量等要求开展治理工作，并定期将进展情况报送大坝中心，其中较大以上工程隐患的治理情况还应当报送派出机构和地方电力管理部门。

第十七条 大坝较大以上工程隐患的治理，应当在要求的时限内完成；一般工程隐患原则上应当立即完成治理，治理工作量大、受客观条件限制的，可适当延长完成时间。

第十八条 大坝较大以上工程隐患治理完成并经过一年运行后，电力企业应当及时组织开展专项竣工验收。派出机构、地方电力管理部门以及大坝中心应当按照职责和分工参加竣工验收。通过专项竣工验收之日起的一个月内，电力企业应当将验收报告以及相关资料报送大坝中心、派出机构和地方电力管理部门。

第四章 风险防控

第十九条 大坝较大以上工程隐患确认后，电力企业应当加强水情监测、水库调度、防洪度汛、安全监测以及大坝巡视检查等工作，并采取有效措施保证大坝运行安全。构成特别重大工程隐患或者重大工程隐患的，电力企业还应当采取降低水库运行水位、放空水库等安全保障措施。

第二十条 大坝较大以上工程隐患确认后，电力企业应当及时制定或者修订专项应急预案，按照有关规定完成预案评审和备案，加强预报预警，健全应急协调联动机制，积极开展应急演练。

第二十一条 大坝存在工程隐患，采取治理措施仍然不能保证运行安全的，应当按照《水电站大坝运行安全监督管理规定》有关规定退出运行。

第五章 监督管理

第二十二条 大坝中心收到电力企业报送的特别重大工程隐患、重大工程隐患治理专项竣工验收资料后，应当及时重新评定大坝安全等级，并将评定结果报告国家能源局，同时抄送派出机构和地方电力管理部门。

第二十三条 派出机构、地方电力管理部门、大坝中心应当依照法律法规和相关规定，加强对大坝工程隐患治理的监督管理。

国家能源局负责对大坝特别重大工程隐患的治理实施挂牌督办，必要时可以指定有关派出机构实施挂牌督办。派出机构负责对大坝重大工程隐患实施挂牌督办。地方电力管理部门依照法律法规和相关规定做好大坝隐患治理挂牌督办有关工作。大坝中心为挂牌督办提供技术支持。

第二十四条 派出机构、地方电力管理部门以及大坝中心应当加强协同配合，联合开展相关监督检查，督促指导电力企业按时、高质量完成大坝工程隐患治理各项工作。

第二十五条 国家能源局、派出机构、地方电力管理部门应当依照国家法律法规和有关规定，调查处理大坝工程隐患治理责任不落实的企业和相关人员。

第二十六条 电力企业应当积极配合国家能源局、派出机构、地方电力管理部门以及大坝中心对大坝工程隐患治理开展的监督管理工作。

第六章　附　　　则

第二十七条 本办法自发布之日起施行，有效期五年。原国家电力监管委员会颁布施行的《水电站大坝除险加固管理办法》（电监安全〔2010〕30 号）同时废止。

农业农村部关于印发《渔业船舶重大事故隐患判定标准（试行）》的通知

农渔发〔2022〕11号

各省、自治区、直辖市农业农村（农牧）、渔业厅（局、委），新疆生产建设兵团农业农村局：

为进一步压实船东船长主体责任，强化渔业船舶安全风险防范，防止和减少生产安全事故，保障渔民群众生命财产安全，根据《中华人民共和国安全生产法》等有关法律法规，农业农村部制定了《渔业船舶重大事故隐患判定标准（试行）》。现印发你们，请结合实际认真贯彻落实，并可以进一步细化实化监管措施，完善重大事故隐患判定标准。

农业农村部
2022 年 4 月 2 日

渔业船舶重大事故隐患判定标准（试行）

根据《中华人民共和国安全生产法》等有关法律法规和相关国家、行业标准，核定载员 10 人及以上的渔业船舶具有以下情形之一的，应当判定为重大事故隐患：

（一）未经批准擅自改变渔业船舶结构、主尺度、作业类型的；

（二）救生消防设施设备、号灯处于不良好可用状态的；

（三）职务船员不能满足最低配员标准的；

（四）擅自关闭、破坏、屏蔽、拆卸北斗船位监测系统、远洋渔船监测系统（VMS）或船舶自动识别系统（AIS）等安全通导和船位监测终端设备，或者篡改、隐瞒、销毁其相关数据、信息的；

（五）超过核定航区或者抗风等级、超载航行、作业的；

（六）渔业船舶检验证书或国籍证书失效后出海航行、作业的；

（七）在船人员超过核定载员或未经批准载客的；

（八）防抗台风等自然灾害期间，不服从管理部门及防汛抗旱指挥部的停航、撤离或转移等决定和命令，未及时撤离危险海域的。

农业农村部办公厅关于印发《农机安全生产重大事故隐患判定标准（试行）》的通知

农办机〔2022〕7号

为严密防范、坚决遏制农机安全生产领域发生重特大事故，按照《国务院安委会办公室关于切实加强重大安全风险防范化解工作的通知》（安委办〔2022〕4号）以及《农业农村部安委会办公室关于开展防范化解重大安全风险工作的通知》（农安办发〔2022〕4号）的要求，我部制定了《农机安全生产重大事故隐患判定标准（试行）》，并研究提出了相关管理措施。现印发给你们，请按照标准和农机安全生产大检查工作部署，结合实际统筹制定工作方案，切实抓好农机重大安全风险防范化解工作。请分别于2022年7月20日和10月30日前报送工作方案和工作总结。

联系方式：010－59193363，邮箱：njhsajc@agri.gov.cn

农业农村部办公厅
2022年6月24日

农机安全生产重大事故隐患判定标准（试行）

根据《中华人民共和国安全生产法》《中华人民共和国道路交通安全法》《农业机械安全监督管理条例》等有关法律法规和相关国家、行业标准，农机安全生产领域存在以下情形之一的，应当判定为重大事故隐患：

（一）无证驾驶操作拖拉机或联合收割机的，酒后、服用违禁药品等操作农业机械的；

（二）拖拉机违法搭载人员的；

（三）无号牌、未经检验或检验不合格的拖拉机和联合收割机投入使用的；

（四）存在超载、超限、超速等行为的；

（五）拼装、改装农业机械等导致不符合农业机械运行安全技术条件的；

（六）农业机械存在灯光不齐、安全防护装置与安全标志缺失，以及刹车与转向系统失灵等安全隐患的。

管 理 措 施

（一）强化源头管理。严格做好拖拉机和联合收割机注册登记、驾驶人考试等管理工作，严禁给不符合安全标准的农业机械发放牌证，严禁给未经考试或考试不合格的人员核发驾驶证，严厉查处违规发放拖拉机和联合收割机牌证的行为。

（二）强化技术检验。严格按照《拖拉机和联合收割机安全技术检验规范》进行安全技术检验，强化运行安全技术要求及安全装置检查，对不符合条件以及未粘贴反光标识的拖拉机运输机组不予通过检验。

（三）强化宣传培训。运用多种形式重点宣传安全生产法律、法规和农机安全生产知识，提升农机安全生产意识。开展多种形式的农机安全培训，提高农机手安全驾驶和操作技能。

（四）强化执法检查。规范农机安全执法履职行为，明确职责，落实到岗。严查无证驾驶、无牌行驶、酒后驾驶、未年检、拼装改装、违法载人、超速超载、伪造变造证书和牌照等违法违规行为，形成严管高压态势。

国家能源局综合司关于印发
《重大电力安全隐患判定
标准（试行）》的通知

国能综通安全〔2022〕123 号

各省（自治区、直辖市）能源局，有关省（自治区、直辖市）及新疆生产建设兵团发展改革委、工业和信息化主管部门，北京市城市管理委，各派出机构，全国电力安委会各企业成员单位：

为强化重大电力安全隐患排查治理和监督管理有关工作，依据《中华人民共和国安全生产法》《电力安全隐患治理监督管理规定》等有关规定，国家能源局制定了《重大电力安全隐患判定标准（试行）》。现印发你们，请遵照执行。

国家能源局综合司

2022 年 12 月 29 日

重大电力安全隐患判定标准（试行）

第一条 为准确认定、及时消除重大电力安全隐患（以下简称重大隐患），有效防范和遏制重特大生产安全事故，根据《中华人民共和国安全生产法》《电力安全隐患治理监督管理规定》以及有关法律法规、规章、政策文件和强制性标准的相关规定，制定本判定标准。

第二条 本判定标准适用于判定国家能源局电力安全监督管理范围内的重大隐患。危险化学品、消防（火灾）、特种设备等有关行业领域对重大事故隐患判定标准另有规定的，适用其规定。

第三条 本判定标准所指电力设备设施范围为 330 千伏及以上电网设备设

施，单机容量 300 兆瓦及以上的燃煤发电机组和水力发电机组、单套容量 200 兆瓦及以上的燃气发电机组、核电常规岛及核电厂配套输变电设施、容量 300 兆瓦及以上风力发电场和光伏发电站；所指施工作业工程为《电力建设工程施工安全管理导则》（NB/T 10096—2018）规定的超过一定规模的危险性较大的分部分项工程。特殊情形在具体条款中另行规定。

第四条　有下列情形之一的，应判定为重大隐患：

电网安全稳定控制系统以及直流控制保护系统参数、策略、定值计算和设定不正确；直流控保、直流配套安全稳定控制装置未按双重化配置。

特高压架空线路杆塔基础出现较大沉陷、严重开裂或显著上拔，塔身出现严重弯曲形变，导地线出现严重损伤、断股和腐蚀。

特高压变压器（换流变）乙炔、总烃等特征气体明显增高，内部存在严重局部放电，绝缘电阻和介损试验数据严重超标。

燃煤锅炉烟风道、除尘器、脱硝催化剂装置、渣仓、粉仓料斗（含灰斗）、输煤栈桥等重点设备设施的钢结构、支吊架、承重焊接部位总体强度不满足结构强度要求。

电力监控系统横向边界未部署专用隔离装置，或者调度数据网纵向边界未部署电力专用纵向加密认证装置，或生产控制大区非法外联。

《水电站大坝工程隐患治理监督管理办法》中规定的大坝特别重大、重大工程隐患；燃煤发电厂贮灰场大坝未开展安全评估，贮灰场安全等级评定为险态灰场。

建设单位将建设项目发包给不具备安全生产条件或相应资质施工企业，所属工程专项施工方案未按规定开展编、审、批或专家论证，开展爆破、吊装、有限空间等危险作业未履行施工作业许可审批手续或无人监护。

第五条　对其他严重违反电力安全生产法律法规、规章、政策文件和强制性标准，或可能导致群死群伤或造成重大经济损失或造成严重社会影响的隐患，有关单位可参照重大隐患监督管理。

第六条　本判定标准由国家能源局负责解释。

船舶行业重大生产安全事故隐患
判 定 标 准

CB/T 4501—2019

1 范围

本标准规定了船舶行业企事业单位（简称企业）重大生产安全事故隐患判定通则、重大生产安全事故隐患直接判定标准和重大生产安全事故隐患综合判定标准等内容。

本标准适用于船舶行业重大生产安全事故隐患的判定管理。

2 规范性引用文件

下列文件对于本文件的应用是必不可少的。凡是注日期的引用文件，仅注明日期的版本适用于本文件。凡是不注日期的引用文件，其最新版本（包括所有的修改单）适用于本文件。

GB 15603　常用化学危险品贮存通则

GB 26860　电业安全工作规程：发电厂和变电站电气部分

GB 50016　建筑设计防火规范

GB 50028　城镇燃气设计规范

GB 50029　压缩空气站设计规范

GB 50030　氧气站设计规范

GB 50031　乙炔站设计规范

GB 50057　建筑物防雷设计规范

GB 50059　35 kV～110 kV 变电站设计规范

GB 50140　建筑灭火器配置设计规范

GB 50156　汽车加油加气站设计与施工规范

GB 50229　火力发电厂与变电所设计防火规范

GB 50494　城镇燃气技术规范

GB 50720　建设工程施工现场消防安全技术规范

CB 3381　船舶涂装作业安全规程

CB 3660　船厂起重作业安全要求

CB 3785　船舶修造企业高处作业安全规程

CB 3786　船厂电气作业安全要求

CB 4204　船用脚手架安全要求

CB 4270　船舶修造企业明火安全规程

CB 4286　高空作业车安全技术要求

CB 4288　船厂起重设备安全技术要求

CB/T 4297　船舶行业企业放射性检验作业安全管理规定

TSG 21　固定式压力容器安全技术监察规程

JB/T 8856　溶解乙炔设备

《安全生产事故隐患排查治理暂行规定》　国家安全生产监督管理总局令 2007 年 12 月 28 日发布　第 16 号　2015 年 5 月 27 日　国家安全生产监督管理总局令　第 79 号修正

《建设项目安全设施"三同时"监督管理办法》　国家安全生产监督管理总局令　2010 年 12 月 24 日发布　第 36 号　2015 年 4 月 2 日　国家安全生产监督管理总局令　第 77 号修正

《建设项目职业病防护设施"三同时"监督管理办法》　国家安全生产监督管理总局令　2017 年 3 月 9 日发布　第 90 号

《化工和危险化学品生产经营单位重大生产安全事故隐患判定标准(试行)》安监总管三〔2017〕2017 年 11 月 13 日　第 121 号

《消防重点单位微型消防站建设标准》　中华人民共和国公安部消防局 2015 年 11 月 11 日发布　第 301 号

3　术语和定义

下列术语和定义适用于本文件。

3.1 重大生产安全事故隐患 major hidden danger of safety incidents

事故后果严重造成人员死亡、财产损失且整改难度较大，应当全部或者局部停产停业，并经过一定时间整改治理方能排除的隐患，或者因外部因素影响致使生产经营单位自身难以排除的隐患。

4 重大生产安全事故隐患判定通则

4.1 重大生产安全事故隐患判定依据

重大生产安全事故隐患判定依据主要包含以下几个方面：
a) 国家发布的法律法规；
b) 国家政府主管部门颁布的部门规章；
c) 国家级标准、规范；
d) 行业级标准、规范；
e) 地方省级人大及政府发布的法规、规章；
f) 国际公约；
g) 各类设计规范；
h) 事故隐患可能造成人身伤亡和财产损失的严重程度。

4.2 重大生产安全事故隐患判定方法

4.2.1 重大生产安全事故隐患应采用直接判定法或综合判定法进行定性判定。

4.2.2 同一次隐患排查过程中，符合重大生产安全事故隐患直接判定标准中任意一项隐患内容的，可判定为重大生产安全事故隐患。

4.2.3 同一次隐患排查过程中，符合重大生产安全事故隐患综合判定标准中重大生产安全事故隐患判据的，可判定为重大生产安全事故隐患。

4.2.4 隐患内容从人的因素、物的因素、环境因素、管理因素四个方面进行判定。

4.3 重大生产安全事故隐患编号方法

4.3.1 重大生产安全事故隐患编号格式见图1：

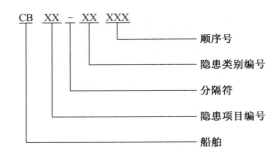

CB XX – XX XXX
顺序号
隐患类别编号
分隔符
隐患项目编号
船舶

图 1　重大生产安全事故隐患编号格式

4.3.2　重大生产安全事故隐患编号原则如下：

　　a)　顺序号——从 001 开始，顺序增加；

　　b)　隐患类别编号——各类隐患拼音的缩写，见表 1；

　　c)　分隔符——区分隐患类别与隐患项目；

　　d)　隐患项目编号——隐患种类的缩写，见表 1；

　　e)　船舶——船舶行业的缩写。

表 1　隐患项目编号和隐患类别编号

隐患项目	隐患项目编号	隐患类别	隐患编号
建设项目	CBJS	基础管理	JC
		安全设施管理	AQ
		职业病防护设施管理	ZY
总平面布置	CBPM	消防管理	XF
重点场所	CBCS	乙炔站	YQ
		氧气站	YQ_1
		危险化学品存放场所	WH
		变配电站	BP
		压缩空气站	YS
		燃气站	RQ
		加油站	JY
		探伤室	TS
重点设备	CBSB	压力容器	RQ
		起重设备	QZ

隐患项目	隐患项目编号	隐患类别	隐患编号
明火作业	CBMH	基本条件	JB
		隐患内容	YH
涂装作业	CBTZ	基本条件	JB
		隐患内容	YH
有限空间作业	CBYX	基本条件	JB
		隐患内容	YH
高处作业	CBGC	基本条件	JB
		隐患内容	YH
起重作业	CBQZ	基本条件	JB
		隐患内容	YH
电气作业	CBDQ	基本条件	JB
		隐患内容	YH

5　重大生产安全事故隐患直接判定标准

船舶行业建设项目重大生产安全事故隐患直接判定标准见表2。

表 2　船舶行业建设项目重大生产安全事故隐患直接判定标准

隐患项目	隐患类别	隐患编号	隐患内容	参考
建设项目	基础管理	CBJS – JC001	建设项目无审批、无核准或无备案文件	
	安全设施管理	CBJS – AQ001	企业未对安全生产条件和设施进行综合分析，且未形成书面报告	
		CBJS – AQ002	企业在建设项目初步设计时，未委托有相应资质的设计单位对建设项目安全设施同时进行设计，且未编制安全设施设计	《建设项目安全设施"三同时"监督管理办法》
		CBJS – AQ003	企业未组织对建设项目安全设施设计进行审查，且未形成书面报告	
		CBJS – AQ004	建设项目安全设施的施工由未取得相应资质的施工单位进行，且未与建设项目主体工程同时施工	
		CBJS – AQ005	建设项目安全设施建成后，企业未对安全设施进行检查，或安全设施检查后未对发现的问题及时整改	
		CBJS – AQ006	建设项目竣工投入生产或者使用前，企业未组织对安全设施进行竣工验收，且未形成书面报告，或安全设施竣工验收不合格，即投入生产或使用	

隐患项目	隐患类别	隐患编号	隐患内容	参考
建设项目	职业病防护设施管理	CBJS – ZY001	对可能产生职业病危害的建设项目，建设单位未在建设项目可行性论证阶段委托有相应资质的单位进行职业病危害预评价，且未编制预评价报告	《建设项目职业病防护设施"三同时"监督管理办法》
		CBJS – ZY002	建设项目职业病危害预评价报告不符合职业病防治有关法律、法规、规章和标准的要求或报告内容不全	
		CBJS – ZY003	职业病危害预评价报告编制完成后，建设单位未根据职业病危害等级对职业病危害预评价报告进行评审，且未形成评审意见；或未按照评审意见对职业病危害预评价报告进行修改完善；或职业病危害预评价工作过程未形成书面报告	
		CBJS – ZY004	建设项目职业病危害预评价报告未通过评审	
		CBJS – ZY005	建设项目职业病危害预评价报告通过评审后，建设项目的生产规模、工艺等发生变更导致职业病危害风险发生重大变化的，建设单位未对变更内容重新进行职业病危害预评价和评审	
		CBJS – ZY006	存在职业病危害的建设项目，建设单位未在施工前按照职业病防治有关法律、法规、规章和标准的要求，进行职业病防护设施设计	
		CBJS – ZY007	建设项目职业病防护设施设计内容不全	
		CBJS – ZY008	职业病防护设施设计完成后，建设单位未根据职业病危害等级对职业病防护设施设计进行评审，且未形成评审意见；或未按照评审意见对职业病防护设施设计进行修改完善；或职业病防护设施设计工作过程未形成书面报告	
		CBJS – ZY009	建设项目职业病防护设施设计未通过评审	
		CBJS – ZY010	建设单位未按照评审通过的设计和有关规定组织职业病防护设施的采购和施工	
		CBJS – ZY011	建设项目职业病防护设施设计在完成评审后，建设项目的生产规模、工艺等发生变更导致职业病危害风险发生重大变化的，建设单位未对变更的内容重新进行职业病防护设施设计和评审	
		CBJS – ZY012	建设项目投入生产或者使用前，建设单位未依照职业病防治有关法律、法规、规章和标准要求，采取相应职业病危害防治管理措施	

隐患项目	隐患类别	隐患编号	隐患内容	参考
建设项目	职业病防护设施管理	CBJS－ZY013	建设项目在竣工验收前或者试运行期间,建设单位未进行职业病危害控制效果评价,且未编制评价报告;或建设项目职业病危害控制效果评价报告不符合职业病防治有关法律、法规、规章和标准的要求;或职业病危害控制效果评价报告内容不全	《建设项目职业病防护设施"三同时"监督管理办法》
		CBJS－ZY014	建设单位在职业病防护设施验收前,未编制验收方案;或验收方案不全;或职业病防护设施验收前 20 日未将验收方案向管辖该建设项目的安全生产监督管理部门进行书面报告	
		CBJS－ZY015	建设单位未根据职业病危害等级对职业病危害控制效果评价报告进行评审、未对职业病防护设施进行验收,且未形成评审意见和验收意见;或未按照评审意见和验收意见对职业病危害控制效果评价报告和职业病防护设施进行整改完善;或职业病危害控制效果评价和职业病防护设施验收工作过程未形成书面报告;或职业病危害严重的建设项目未在验收完成之日起 20 日内向管辖该建设项目的安全生产监督管理部门提交书面报告	
		CBJS－ZY016	建设项目职业病危害控制效果评价报告未通过评审,或职业病防护设施未通过验收,即投入生产或者使用	

6 重大生产安全事故隐患综合判定标准

6.1 船舶行业作业场所重大生产安全事故隐患综合判定标准

船舶行业作业场所重大生产安全事故隐患综合判定标准见表 3。

表 3 船舶行业作业场所重大生产安全事故隐患综合判定标准

隐患项目	隐患类别	隐患编号	隐患内容	参考		重大生产安全事故隐患判据
总平面布置	消防管理	CBPM－XF001	厂房、仓库、建设工程施工现场临时性用房或用作人员密集场所的临时性建筑等建筑构建耐火等级及夹芯材料燃烧性能不符合标准要求	1 2	GB 50016 GB 50720	同一次隐患排查过程中,企业发现任意三项隐患内容的,判定为重大生产安全事故隐患

表 3 (续)

隐患项目	隐患类别	隐患编号	隐患内容	参考	重大生产安全事故隐患判据
总平面布置	消防管理	CBPM – XF002	甲类、乙类、丙类液体储罐(区),可燃、助燃气体储罐(区),厂房和仓库的防火间距不符合标准要求	GB 50016	同一次隐患排查过程中,企业发现任意三项隐患内容的,判定为重大生产安全事故隐患
		CBPM – XF003	有爆炸危险的厂房和仓库不符合防爆要求		
		CBPM – XF004	厂房和仓库的安全疏散不符合标准要求		
		CBPM – XF005	甲类、乙类、丙类液体储罐(区),可燃、助燃气体储罐(区),未与装卸区、辅助生产区以及办公区分开布置		
		CBPM – XF006	甲类、乙类、丙类液体储罐区和可燃气体储罐区,消防车道不符合标准要求		
		CBPM – XF007	架空电力线路与甲类、乙类厂房(仓库),甲类、乙类液体储罐,可燃、助燃气体储罐的最近水平距离不符合标准要求		
		CBPM – XF008	设有消防控制室的消防重点单位(除已建立专职消防队的重点单位外),未建立微型消防站	《消防重点单位微型消防站建设标准》(公消〔2015〕301 号)	
重点场所	乙炔站	CBCS – YQ001	有爆炸危险的生产间围护结构的门、窗未向外开启	GB 50031	同一次隐患排查过程中,企业发现任意三项隐患内容的,判定为重大生产安全事故隐患
		CBCS – YQ002	有爆炸危险的生产间与无爆炸危险的生产间或房间的隔墙上有管道穿过时,未在穿墙处用非燃烧材料密封填塞		
		CBCS – YQ003	乙炔管、乙炔汇流排无导除静电的接地装置,或接地电阻大于 10 Ω		
		CBCS – YQ004	乙炔汇流排间、空瓶间、实瓶间、贮罐间等 1 区爆炸危险区未设乙炔可燃气体测爆仪,且测报仪未与通风机联锁		

表 3（续）

隐患项目	隐患类别	隐患编号	隐患内容	参考	重大生产安全事故隐患判据
重点场所	乙炔站	CBCS - YQ005	乙炔管道无导除静电的接地装置；当每对法兰或螺纹接头间电阻值超过 0.03 Ω 时，无跨接导线	GB 50031	同一次隐患排查过程中，企业发现任意三项隐患内容的，判定为重大生产安全事故隐患
		CBCS - YQ006	每个焊炬、割炬或淬火炬未设单独的岗位回火防止器；回火防止器设保护箱时未采用通风良好的保护箱		
		CBCS - YQ007	压力为 0.02 MPa 以上至 0.15 MPa 的车间乙炔管道进口处未设中央回火防止器		
		CBCS - YQ008	乙炔汇流排各部位的阻火器和阀件等的设置不符合 JB/T 8856 的标准要求；或乙炔汇流排通向用户的输气总管未设置安全水封或阻火器	JB/T 8856	
		CBCS - YQ009	有爆炸危险的生产间未设置泄压面积，或泄压面积和泄压设施不符合 GB 50016 的要求	GB 50016	
		CBCS - YQ010	乙炔站、乙炔汇流排间和露天设置的贮罐的防雷设计不符合现行国家标准 GB 50057 的要求	GB 50057	
	氧气站	CBCS - YQ₁001	积聚液氧、液体空气的各类设备、氧气压缩机、氧气灌充台和氧气管道未设导除静电的接地装置，或接地电阻大于 10 Ω	1 GB 50030 2 GB 50057	同一次隐患排查过程中，企业发现任意三项隐患内容的，判定为重大生产安全事故隐患
		CBCS - YQ₁002	进入用户车间的氧气主管在车间入口处未装设切断阀、压力表，或未在适当位置设置放散管		
		CBCS - YQ₁003	氧气管道设置的导除静电接地装置不符合标准要求		
		CBCS - YQ₁004	氧气站和露天布置的氧气贮罐、液氧贮罐等的防雷设计不符合现行国家标准 GB 50057 的要求		

隐患项目	隐患类别	隐患编号	隐患内容	参考	重大生产安全事故隐患判据
重点场所	危险化学品存放场所	CBCS－WH001	危险化学品库房（临时存放场所）未设置可燃气体报警装置	1 GB 15603 2 《化工和危险化学品生产经营单位重大生产安全事故隐患判定标准（试行）》	同一次隐患排查过程中，企业发现任意三项隐患内容的，判定为重大生产安全事故隐患
		CBCS－WH002	危险化学品库房（临时存放场所）未使用防爆电气设备设施或电气设备设施未接地		
		CBCS－WH003	危险化学品库房（临时存放场所）超量或超品种储存危险化学品，或相互禁配物质混放混存		
		CBCS－WH004	危险化学品库房（临时存放场所）防雷设备设施未定期检测		
		CBCS－WH005	危险化学品库房（临时存放场所）未安装通风设备或通排风系统未设导除静电的接地装置		
		CBCS－WH006	有毒物品未贮存在阴凉、通风、干燥的场所，或露天存放或接近酸类物质存放		
		CBCS－WH007	腐蚀性物品包装不严，存在泄漏风险，或与液化气体和其他物品共存		
		CBCS－WH008	进入化学危险品贮存区域的人员、机动车辆和作业车辆未采取防火措施		
		CBCS－WH009	化学危险品建筑未安装自动监测和火灾报警系统		
		CBCS－WH010	化学危险品贮存区内堆积可燃废弃物品		
		CBCS－WH011	危险化学品库房（临时存放场所）消防器材数量不足、选型不正确		

隐患项目	隐患类别	隐患编号	隐患内容	参考	重大生产安全事故隐患判据
重点场所	变配电站	CBCS－BP001	站区和房内的消防、避雷、接地系统未按规定定期进行检验	1 GB 50059 2 GB 26860 3 GB 50029	同一次隐患排查过程中，企业发现任意三项隐患内容的，判定为重大生产安全事故隐患
		CBCS－BP002	电气设备的绝缘有破损、过热、膨胀变形、放电痕迹		
		CBCS－BP003	变压器、高压开关柜、低压开关柜操作面地面未铺设绝缘（胶）垫		
		CBCS－BP004	未按 GB 26860 的规定配备安全工器具和防护用品，或安全工器具和防护用品未定期检测		
		CBCS－BP005	变电站主变压器等各种带油电气设备及建筑物未配备适当数量的移动式灭火器		
		CBCS－BP006	变压器室、电容器室、蓄电池室、电缆夹层、配电装置室以及其他有充油电气设备房间的门未向疏散方向开启		
		CBCS－BP007	电缆从室外进入室内的入口处与电缆竖井的出、入口处，以及控制室与电缆层之间未采取防止电缆火灾蔓延的阻燃及分隔的措施		
		CBCS－BP008	变电站的六氟化硫开关室未设置机械排风设施		
		CBCS－BP009	建筑面积超过 250 m^2 的主控通信室、配电装置室、电缆夹层，其疏散出口不易少于两个，楼层的第二个出口可设在固定楼梯的室外平台处。当配电装置室的长度超过 60 m 时，应增设一个中间疏散出口		

表 3（续）

隐患项目	隐患类别	隐患编号	隐患内容	参考	重大生产安全事故隐患判据
重点场所	压缩空气站	CBCS－YS001	报警信号和自动保护控制装置的装设不符合 CB 50029 的相关规定	GB 50029	同一次隐患排查过程中，企业发现任意三项隐患内容的，判定为重大生产安全事故隐患
		CBCS－YS002	控制室和空气压缩机旁均未设置紧急停车按钮		
		CBCS－YS003	储气罐未装设安全阀或安全阀未定期检验		
		CBCS－YS004	储气罐与供气总管之间未装设切断阀		
		CBCS－YS005	空气压缩机的联轴器和传动部分未装设安全防护设施		
		CBCS－YS006	活塞空气压缩机、隔膜空气压缩机与储气罐之间未装设止回阀；空气压缩机与止回阀之间未设置放空管；活塞空气压缩机、隔膜空气压缩机与储气罐之间装设切断阀时，空气压缩机与切断阀之间未装设安全阀		
	燃气站	CBCS－RQ001	站内未设置消防系统且未按照 GB 50140 要求配备相应的灭火器	1　GB 50494 2　GB 50140	同一次隐患排查过程中，企业发现任意三项隐患内容的，判定为重大生产安全事故隐患
		CBCS－RQ002	液化石油气和液化天然气储罐区未设置周边封闭的不燃烧体实体防护墙		
		CBCS－RQ003	站内具有爆炸和火灾危险建（构）筑物的电气装置未确定爆炸危险区域等级和范围，且未采取相应措施		
		CBCS－RQ004	站内具有爆炸和火灾危险的建（构）筑物及露天钢质燃气储罐未采取防雷接地措施		
		CBCS－RQ005	站内可能产生静电危害的储罐、设备和管道未采取静电接地措施		
		CBCS－RQ006	站内具有燃气泄漏和爆炸危险的场所未设置可燃气体泄漏检测报警装置		
		CBCS－RQ007	站内具有爆炸危险的封闭式建筑未采取良好的通风措施	GB 50028	
		CBCS－RQ008	压缩天然气、液化石油气的管道、储罐接管及储罐等的安全阀件不符合 GB 50028 的要求		

隐患项目	隐患类别	隐患编号	隐患内容	参考	重大生产安全事故隐患判据
重点场所	加油站	CBCS – JY001	加油作业区内作业时有明火地点或散发火花地点	1 GB 50156 2 GB 50057	同一次隐患排查过程中，企业发现任意三项隐患内容的，判定为重大生产安全事故隐患
		CBCS – JY002	加油站的汽油罐和柴油罐设置在室内或地下室内		
		CBCS – JY003	油罐导除静电措施不完好		
		CBCS – JY004	油罐未设置高液位报警装置		
		CBCS – JY005	加油软管上未设置安全拉断阀		
		CBCS – JY006	油罐车卸油未采取密闭卸油方式		
		CBCS – JY007	油罐通气管管口距离地面高度不足 4 m		
		CBCS – JY008	加油站工艺设备配备的灭火器材不符合 GB 50156 要求		
		CBCS – JY009	当采用电缆沟敷设电缆时，加油站作业区内的电缆沟未充沙填实		
		CBCS – JY010	钢制油罐未进行防雷接地，或接地点少于两处		
		CBCS – JY011	加油站内防雷接地装置不符合 GB 50057 的要求		
		CBCS – JY012	在爆炸危险区域内的工艺管道上的法兰（连接螺栓少于五个）、胶管两端等连接处未采用金属线跨接		
		CBCS – JY013	加油站未设置可燃气体检测报警系统且未设置紧急切断系统		
	探伤室	CBCS – TS001	探伤室未安装门 – 机联锁装置和工作指示灯	CB/T 4297	同一次隐患排查过程中，企业发现任意三项隐患内容的，判定为重大生产安全事故隐患
		CBCS – TS002	探伤室未设置紧急停止按钮		
		CBCS – TS003	探伤室入口处未设置声光报警装置		
		CBCS – TS004	射线探伤室未配置固定式辐射检测系统，或固定式辐射检测系统未与门 – 机联锁相联系		
		CBCS – TS005	照射状态指示装置未与射线探伤装置联锁		
		CBCS – TS006	射线探伤室未与操作室分开		

6.2 船舶行业重点设备重大生产安全事故隐患综合判定标准

船舶行业重点设备重大生产安全事故隐患综合判定标准见表4。

表 4 船舶行业重点设备重大生产安全事故隐患综合判定标准

隐患项目	隐患类别	隐患编号	隐患内容	参考	重大生产安全事故隐患判据
重点设备	压力容器	CBSB – RQ001	压力容器未办理使用登记	TSG 21	同一次隐患排查过程中，企业发现任意三项隐患内容的，判定为重大生产安全事故隐患
		CBSB – RQ002	压力容器本体、接口部位、焊接接头等存在裂纹、变形、过热、泄漏、腐蚀、机械接触损伤等现象		
		CBSB – RQ003	压力容器支座支撑不牢固，连接处有松动、移位、沉降、倾斜、裂纹等现象		
		CBSB – RQ004	罐体无接地装置		
		CBSB – RQ005	安全阀未在检验有效期内且铅封不完好		
		CBSB – RQ006	安装在安全阀下方的截止阀未常开且未加铅封		
		CBSB – RQ007	单独爆破片作为泄压装置时爆破片与容器间的截止阀未常开且未加铅封		
		CBSB – RQ008	对于盛装易燃介质、毒性介质的压力容器，安全阀或爆破片的排放口未装设导管，且未将排放介质引至安全地点		
		CBSB – RQ009	快开门式压力容器的安全连锁装置不完好		
		CBSB – RQ010	压力表封签损坏且超过检定有效期限		
		CBSB – RQ011	用于易燃或毒性程度为极度、高度危害介质的液位计上未装设防泄漏的保护装置		
重点设备	起重设备	CBSB – QZ001	起重设备未办理使用登记	CB 4288	同一次隐患排查过程中，企业发现任意三项隐患内容的，判定为重大生产安全事故隐患
		CBSB – QZ002	起重设备未定期检验		
		CBSB – QZ003	起重设备未根据需要设置起升高度限位器、运行行程限位器、幅度限位器、幅度指示器		

隐患项目	隐患类别	隐患编号	隐患内容	参考	重大生产安全事故隐患判据
重点设备	起重设备	CBSB – QZ004	起重设备未根据需要设置起重限制器、起重力矩限制器、极限力矩限制装置	CB 4288	同一次隐患排查过程中，企业发现任意三项隐患内容的，判定为重大生产安全事故隐患
		CBSB – QZ005	户外起重设备未根据需要设置防倾翻和抗风防滑装置		
		CBSB – QZ006	起重设备未设连锁保护安全装置		
		CBSB – QZ007	起重设备主要受力构件变形、损坏		

6.3 船舶行业明火作业重大生产安全事故隐患综合判定标准

船舶行业明火作业重大生产安全事故隐患综合判定标准见表 5。

表 5 船舶行业明火作业重大生产安全事故隐患综合判定标准

隐患项目	隐患类别	隐患编号	隐患内容	参考	重大生产安全事故隐患判据
明火作业	基本条件	CBMH – JB001	未办理危险作业许可审批手续	CB 4270	1 同一次隐患排查过程中，同一作业现场发现任意一项基本条件 + 任意两项隐患内容的，判定为重大生产安全事故隐患； 2 同一次隐患排查过程中，不同作业现场累计发现任意两项基本条件的，判定为重大生产安全事故隐患； 3 同一次隐患排查过程中，不同作业现场累计发现任意四项隐患内容的，判定为重大生产安全事故隐患
		CBMH – JB002	重点部位明火作业现场无人监护		
		CBMH – JB003	明火作业人员未持证上岗		
		CBMH – JB004	作业现场生产调度不合理，存在与明火作业相冲突的作业，造成两种或两种以上交叉作业		
		CBMH – JB005	盛装过易燃易爆、有毒物质的各种容器或有限空间，作业前未经气体浓度检测或测量结果不合格即实施作业		
	隐患内容	CBMH – YH001	作业现场或附近存在易燃易爆物品，且未采取安全控制措施即实施作业		
		CBMH – YH002	不了解作业现场及周围情况、不了解设备设施情况盲目实施作业		
		CBMH – YH003	作业现场防火措施落实不到位		
		CBMH – YH004	焊割设备（工具）不完好或气体胶管混接（含颜色混乱）		
		CBMH – YH005	作业结束未将氧气和可燃气体胶管（割炬）带出舱外		
		CBMH – YH006	作业结束将氧气和可燃气体胶管（割炬）存入封闭工具箱		
		CBMH – YH007	使用割炬进行照明		
		CBMH – YH008	高处明火作业点火星所及范围内有易燃易爆物品		

6.4 船舶行业涂装作业重大生产安全事故隐患综合判定标准

船舶行业涂装作业重大生产安全事故隐患综合判定标准见表6。

表6 船舶行业涂装作业重大生产安全事故隐患综合判定标准

隐患项目	隐患类别	隐患编号	隐患内容	参考	重大生产安全事故隐患判据
涂装作业	基本条件	CBTZ – JB001	未办理危险作业审批手续	CB 3381	1 同一次隐患排查过程中，同一作业现场发现任意一项基本条件＋任意两项隐患内容的，判定为重大生产安全事故隐患； 2 同一次隐患排查过程中，不同作业现场累计发现任意两项基本条件的，判定为重大生产安全事故隐患； 3 同一次隐患排查过程中，不同作业现场累计发现任意四项隐患内容的，判定为重大生产安全事故隐患
		CBTZ – JB002	舱内涂装作业现场无人监护		
		CBTZ – JB003	涂装作业审批人员和气体检测技术人员未持证上岗		
		CBTZ – JB004	作业现场生产调度不合理，在涂装作业禁区内存在与涂装作业相冲突的作业，造成两种或两种以上交叉作业		
	隐患内容	CBTZ – YH001	作业现场未使用防爆的电气设备、照明设施		
		CBTZ – YH002	舱内涂装作业现场未有效通风		
		CBTZ – YH003	油漆溶剂未履行上船登记手续，剩余涂料和溶剂未带离作业现场或未放入指定回收点		
		CBTZ – YH004	作业现场违规使用可能产生静电或火花的物品		
		CBTZ – YH005	喷漆软管存在断裂、泄漏、划破、膨胀、活接头损坏等情况		
		CBTZ – YH006	喷涂作业时喷漆软管扭结或软管的不锈钢接头未包扎		
		CBTZ – YH007	调漆搅拌机、喷漆泵等设备未有效接地		

6.5 船舶行业有限空间作业重大生产安全事故隐患综合判定标准

船舶行业有限空间作业重大生产安全事故隐患综合判定标准见表7。

表7 船舶行业有限空间作业重大生产安全事故隐患综合判定标准

隐患项目	隐患类别	隐患编号	隐患内容	重大生产安全事故隐患判据
有限空间作业	基本条件	CBYX – JB001	未办理危险作业审批手续	1 同一次隐患排查过程中，同一作业现场发现任意一项基本条件＋任意两项隐患内容的，判定为重大生产安全事故隐患； 2 同一次隐患排查过程中，不同作业现场累计发现任意两项基本条件的，判定为重大生产安全事故隐患； 3 同一次隐患排查过程中，不同作业现场累计发现任意四项隐患内容的，判定为重大生产安全事故隐患
		CBYX – JB002	作业现场无人监护	
		CBYX – JB003	有限空间作业前未经气体浓度检测或测量结果不合格即实施作业	
	隐患内容	CBYX – YH001	未在作业场所设置明显安全警示标志	
		CBYX – YH002	无通风设备设施、无照明设备设施或照明设备设施未采用安全电压	
		CBYX – YH003	通风设备设施、照明设备设施的电线绝缘破损	
		CBYX – YH004	作业过程无持续有效的空气置换措施	
		CBYX – YH005	在密闭容器、设备等特殊场所内部作业时，随意关闭舱门或舱盖	

6.6 船舶行业高处作业重大生产安全事故隐患综合判定标准

船舶行业高处作业重大生产安全事故隐患综合判定标准见表8。

表8 船舶行业高处作业重大生产安全事故隐患综合判定标准

隐患项目	隐患类别	隐患编号	隐患内容	参考	重大生产安全事故隐患判据
高处作业	基本条件	CBGC – JB001	脚手架搭设、拆除作业未办理作业申请手续	1 CB 4204 2 CB 4286 3 CB 3785	1 同一次隐患排查过程中，同一作业现场发现任意一项基本条件＋任意两项隐患内容的，判定为重大生产安全事故隐患； 2 同一次隐患排查过程中，不同作业现场累计发现任意两项基本条件的，判定为重大生产安全事故隐患； 3 同一次隐患排查过程中，不同作业现场累计发现任意四项隐患内容的，判定为重大生产安全事故隐患
		CBGC – JB002	脚手架搭设完毕未经验收合格设置检验合格标识牌即实施作业		
		CBGC – JB003	脚手架搭架人员、吊篮和高空作业车操作人员未持证上岗		
		CBGC – JB004	患有职业禁忌证者或饮酒者从事高处作业		
	隐患内容	CBGC – YH001	高处作业未符合"有洞必有盖、有边必有栏，洞、边无盖无栏必有网，电梯口必有门联锁"的规定		
		CBGC – YH002	脚手架整体结构不符合CB 4204 的相关要求		

表 8（续）

隐患项目	隐患类别	隐患编号	隐患内容	参考	重大生产安全事故隐患判据
高处作业	隐患内容	CBGC – YH003	脚手架搭设（拆除）时作业区域无人监护且未设警戒区域（标识）	1 CB 4204 2 CB 4286 3 CB 3785	1 同一次隐患排查过程中，同一作业现场发现任意一项基本条件＋任意两项隐患内容的，判定为重大生产安全事故隐患； 2 同一次隐患排查过程中，不同作业现场累计发现任意两项基本条件的，判定为重大生产安全事故隐患； 3 同一次隐患排查过程中，不同作业现场累计发现任意四项隐患内容的，判定为重大生产安全事故隐患
		CBGC – YH004	船舶外挂型脚手架、船舶艏艉部线型变化较大部位、上下通道等易发生坠落部位未悬挂安全网		
		CBGC – YH005	下方没有工作平台、悬空的脚手架，下方未水平设置安全网		
		CBGC – YH006	搭架单位未定期对脚手架进行巡回检查		
		CBGC – YH007	高处作业现场照明照度不符合 CB 3785 的相关要求		
		CBGC – YH008	高空作业车或高空作业吊篮安全装置失效		
		CBGC – YH009	高空作业车平台未加装限位保险杠或限位保险杠顶部高度小于 1900 mm		

6.7 船舶行业起重作业重大生产安全事故隐患综合判定标准

船舶行业高处作业重大生产安全事故隐患综合判定标准见表 9。

表 9 船舶行业起重作业重大生产安全事故隐患综合判定标准

隐患项目	隐患类别	隐患编号	隐患内容	参考	重大生产安全事故隐患判据
起重作业	基本条件	CBQZ – JB001	重大件吊装未办理危险作业审批许可手续	CB 3660	1 同一次隐患排查过程中，同一作业现场发现任意一项基本条件＋任意两项隐患内容的，判定为重大生产安全事故隐患； 2 同一次隐患排查过程中，不同作业现场累计发现任意两项基本条件的，判定为重大生产安全事故隐患； 3 同一次隐患排查过程中，不同作业现场累计发现任意四项隐患内容的，判定为重大生产安全事故隐患
		CBQZ – JB002	起重作业相关人员未持证上岗		
		CBQZ – JB003	起重指挥信号不明，多人操作时未指定专人指挥		
		CBQZ – JB004	重大件吊装、联吊或抬吊无吊装工艺方案		

隐患项目	隐患类别	隐患编号	隐患内容	参考	重大生产安全事故隐患判据
起重作业	隐患内容	CBQZ－YH001	起重钢丝绳、吊索具未定期检查、未张贴检查标识	CB 3660	1 同一次隐患排查过程中，同一作业现场发现任意一项基本条件＋任意两项隐患内容的，判定为重大生产安全事故隐患； 2 同一次隐患排查过程中，不同作业现场累计发现任意两项基本条件的，判定为重大生产安全事故隐患； 3 同一次隐患排查过程中，不同作业现场累计发现任意四项隐患内容的，判定为重大生产安全事故隐患
		CBQZ－YH002	起重吊耳（吊码或吊环）强度和设置位置未经设计、定位，且未经专人焊接检验		
		CBQZ－YH003	违反起重作业"十不吊"的规定		
		CBQZ－YH004	钢板夹、磁性吊具的使用不符合 CB 3660 的相关要求		

注：起重作业"十不吊"：超负荷不吊；无专人指挥、重量不明、视线不清、指挥信号不明确不吊；安全装置失灵，机械设备有异声或故障不吊；捆绑、吊挂不牢或不平衡可能滑动不吊；吊挂重物直接进行加工时未落实安全措施不吊；歪拉斜吊、物件的利边快口未加衬垫不吊；易燃易爆等危险物品无安全措施不吊；物件被压住或情况不明不吊；吊物上站人或有浮动物件不吊；露天起重机遇 6 级以上大风、暴雨等恶劣天气不吊。

6.8 船舶行业电气作业重大生产安全事故隐患综合判定标准

船舶行业电气作业重大生产安全事故隐患综合判定标准见表10。

表 10 船舶行业电气作业重大生产安全事故隐患综合判定标准

隐患项目	隐患类别	隐患编号	隐患内容	参考	重大生产安全事故隐患判据
电气作业	基本条件	CBDQ－JB001	临时用电未办理危险作业审批许可手续；送变电未执行工作票制度	CB 3786	1 同一次隐患排查过程中，同一作业现场发现任意一项基本条件＋任意两项隐患内容的，判定为重大生产安全事故隐患； 2 同一次隐患排查过程中，不同作业现场累计发现任意两项基本条件的，判定为重大生产安全事故隐患； 3 同一次隐患排查过程中，不同作业现场累计发现任意四项隐患内容的，判定为重大生产安全事故隐患
		CBDQ－JB002	电气作业人员未持证上岗		
		CBDQ－JB003	带负荷进行拉闸操作或校验（修理）电气设备时未设置警示标志		
	隐患内容	CBDQ－YH001	电线接头及电气线路拆除后其线头外露且未做绝缘保护		
		CBDQ－YH002	供电箱、供电柜、用电设备、照明灯具不带电的金属部分未与供电系统的零线可靠连接		
		CBDQ－YH003	使用裸灯头及不封闭的碘钨灯作照明		
		CBDQ－YH004	手持电动工具绝缘防护损坏		
		CBDQ－YH005	上船电源线电压不小于 220 V 时，未采用绝缘完好的橡套电线，或与氧气（乙炔）皮管同道架设		
		CBDQ－YH006	电焊机无可靠的保护接地且无保护接零装置；电焊机裸露带电部分无安全防护罩		

特种设备事故隐患分类分级

T/CPASE GT 007—2019

1 范围

本标准规定了特种设备事故隐患目录及其分类分级的方法。

本标准适用于对使用过程的特种设备事故隐患进行分类和分级。

2 规范性引用文件

下列文件对于本文件的应用是必不可少的。凡是注日期的引用文件，仅注日期的版本适用于本文件。凡是不注日期的引用文件，其最新版本（包括所有的修改单）适用于本文件。

TSG 08　特种设备使用管理规则

国家质检总局公告 2015 年第 5 号　特种设备现场安全监督检查规则

GB/T 34346—2017　基于风险的油气管道安全隐患分级导则

3 术语和定义

特种设备使用管理规则（TSG 08）规定的以及下列术语和定义适用于本标准。

3.1 特种设备事故隐患 special equipment accident potential

特种设备使用单位违反相关法律、法规、规章、安全技术规范、标准、风险管控和特种设备管理制度的行为；或者风险管控缺失、失效；或者因其他因素导致在特种设备使用中存在可能引发事故的设备不安全状态，人的不安全行为，管理和环境上的缺陷等。

3.2 特种设备事故隐患分类 classification of special equipment accident potential

根据特种设备隐患产生的直接原因确定的隐患类别。

3.3 特种设备事故隐患分级 grading of special equipment accident potential

根据特种设备隐患的严重程度确定的隐患级别。

3.4 特种设备事故隐患目录 special equipment accident potential catalogue

根据《特种设备安全法》《特种设备安全监察条例》等法律法规对特种设备使用过程中存在隐患的统一描述和说明。

4 特种设备事故隐患分类分级

4.1 总则

特种设备事故隐患根据《特种设备安全法》《特种设备安全监察条例》等法律法规要求实施分类分级管理。

4.2 特种设备事故隐患分类

4.2.1 特种设备事故隐患分为管理类隐患、人员类隐患、设备类隐患、环境类隐患4个类别。

4.2.2 因管理缺失所产生的隐患为管理类隐患（代号：G）。

4.2.3 因人员自身或人为因素所产生的隐患为人员类隐患（代号：R）。

4.2.4 因特种设备及其安全附件、安全保护装置缺陷、缺失或失效所导致的隐患为设备类隐患（代号：S）。

4.2.5 因特种设备使用环境变化导致的隐患为环境类隐患（代号：H）。

4.3 特种设备事故隐患分级

4.3.1 按隐患严重程度分为严重事故隐患、较大事故隐患、一般事故隐患3个级别。

4.3.2 存在下列情况之一的为严重事故隐患。

4.3.2.1 违反特种设备法律、法规，应依法责令改正并处罚款的行为。

4.3.2.2 违反特种设备安全技术规范及相关标准，可能导致重大和特别重大事故的隐患。

4.3.2.3 风险管控缺失、失效，可能导致重大和特别重大事故的隐患。

4.3.2.4 危害和整改难度较大，应当全部或者局部停产停业，并经过一定时间整改治理方能排除的隐患。

4.3.2.5 因外部因素影响致使使用单位自身难以排除的隐患。

4.3.3 存在下列情况之一的为较大事故隐患。

4.3.3.1 违反特种设备法律、法规，特种设备安全监管部门依法责令限期改正，逾期未改的，责令停产停业整顿并处罚款行为。

4.3.3.2 违反特种设备安全技术规范及相关标准，可能导致较大事故的隐患。

4.3.3.3 风险管控缺失或失效，可能导致较大事故的隐患。

4.3.4 除上述严重、较大隐患外的其他特种设备事故隐患均为一般事故隐患，包括但不限于以下情况。

4.3.4.1 违反使用单位内部管理制度的行为或状态。

4.3.4.2 风险易于管控，整改难度较小，发现后能够立即整改排除的隐患。

4.3.5 特种设备事故隐患分级应遵循以下原则：

——公众聚集场所的隐患，应根据实际情况适当提高隐患级别；

——对于可能造成环境危害的隐患，应根据实际情况适当提高隐患级别；

——对油气管道隐患，其隐患分级还应符合 GB/T 34346 等的要求；

——特种设备使用单位可以根据本单位实际情况提高隐患级别，但不能降低本标准规定的隐患级别。

5 特种设备事故隐患目录

5.1 特种设备严重事故隐患、较大事故隐患目录及其分类分级分别见附录 A、附录 B。

5.2 特种设备一般事故隐患目录由使用单位结合本单位安全管理和风险管控要求自行建立并逐步完善。

5.3 当一个隐患同时满足本标准的不同条款时，按隐患目录最直接的表述归类。

5.4 符合下述条件之一的特种设备使用单位应制定或细化隐患目录，并建立与本目录的对应关系。

——按《特种设备使用管理规则》应设置特种设备安全管理机构或配备专
职安全管理员的；

——使用风险较高行业的（见注）；

——使用重点特种设备的；

——使用环境会给特种设备安全带来较大影响的。

注：如金属冶金、港口码头、物流仓储、气体充装、液氨制冷、石油化工等
行业。

附 录 A

（规范性附录）

特种设备严重事故隐患

序号	隐患类别	隐患目录
1	设备类（S）	在用的特种设备是未取得许可进行设计、制造、安装、改造、重大修理的
2		在用的特种设备是未经检验或检验不合格的（使用资料不符合安全技术规范导致检验不合格的电梯除外）
3		在用的特种设备是国家明令淘汰的
4		在用的特种设备是已经报废的
5		在用特种设备存在必须停用修理的超标缺陷
6		特种设备存在严重事故隐患无改造、修理价值，或者达到安全技术规范规定的其他报废条件，未依法履行报废义务，并办理使用登记证书注销手续的
7		在用特种设备超过规定参数、使用范围使用的
8		特种设备或者其主要部件不符合安全技术规范，包括安全附件、安全保护装置等缺少、失效或失灵
9		将非承压锅炉、非压力容器作为承压锅炉、压力容器使用或热水锅炉改为蒸汽锅炉使用的
10		在用特种设备是已被召回的（含生产单位主动召回、政府相关部门强制召回）
11	管理类（G）	特种设备出现故障或者发生异常情况，未对其进行全面检查、消除事故隐患，继续使用的
12		使用被责令整改而未予整改的特种设备
13		特种设备发生事故不予报告而继续使用的
14		未经许可，擅自从事移动式压力容器或者气瓶充装活动的
15		对不符合安全技术规范要求的移动式压力容器和气瓶进行充装的
16		气瓶、移动式压力容器充装单位未按照规定实施充装前后检查的
17		电梯使用单位委托不具备资质的单位承担电梯维护保养工作的

注：1. 由环境因素导致的上述隐患也可归为环境类隐患；
     2. 其他环境类隐患的目录和级别，可由使用单位、监管部门根据其危害程度确定。

附　录　B

（规范性附录）

特种设备较大事故隐患

序号	隐患类别	隐患目录
1	设备类（S）	气瓶、移动式压力容器充装用计量器具的选型、规格及检定不符合有关安全技术规范及相应标准规定
2		电梯轿厢的装修不符合电梯安全技术规范及相关标准要求
3	管理类（G）	在用特种设备未按照规定办理使用登记
4		未建立特种设备安全技术档案或者安全技术档案不符合规定要求
5		未配备特种设备安全管理负责人；未建立岗位责任、隐患治理等管理制度和操作规程；未制定特种设备事故应急专项预案，并定期进行应急演练
6		未依法设置特种设备使用标志
7		未对使用的特种设备进行经常性维护保养和定期自行检查，或者未对使用的特种设备的安全附件、安全保护装置等进行定期校验、检修，并作出记录
8		未按照安全技术规范的要求及时申报并接受检验
9		特种设备运营使用单位未按规定设置特种设备安全管理机构，配备专职或兼职的特种设备安全管理人员
10		气瓶、移动式压力容器充装前后检查无记录
11		客运索道、大型游乐设施每日投入使用前，未进行试运行和例行安全检查，未对安全附件和安全保护装置进行检查确认
12		未将电梯、客运索道、大型游乐设施、机械式停车设备等的安全使用说明、安全注意事项和警示标志置于易为使用者注意的显著位置
13		未按照安全技术规范的要求进行锅炉水（介）质处理
14		对安全状况等级为 3 级压力管道、4 级固定式压力容器和检验结论为基本符合要求的锅炉未制定监控措施或措施不到位仍在使用
15	人员类（R）	特种设备管理人员、作业人员等无证上岗
16		特种设备管理人员、作业人员未经安全教育和技能培训
17		管理人员、作业人员违反操作规程
注：1. 由环境因素导致的上述隐患也可归为环境类隐患； 　　2. 其他环境类隐患的目录和级别，可由使用单位、监管部门根据其危害程度确定。		

民用爆炸物品生产、销售企业生产安全事故隐患排查治理体系建设指南

WJ/T 9100—2022

1 范围

本文件规定了民用爆炸物品生产、销售企业开展生产安全事故隐患排查治理体系建设的基本要求、隐患分级与分类、工作程序和内容、信息平台建设、事故隐患排查治理台账和持续改进要求。

本文件适用于民用爆炸物品生产、销售企业生产安全事故隐患排查治理体系的建设。

2 规范性引用文件

下列文件中的内容通过文中的规范性引用而构成本文件必不可少的条款。其中，注日期的引用文件，仅该日期对应的版本适用于本文件；不注日期的引用文件，其最新版本（包括所有的修改单）适用于本文件。

GB 50089 民用爆炸物品工程设计安全标准

WJ/T 9075 民用爆破器材企业安全检查方法 检查表法

3 术语和定义

下列术语和定义适用于本文件。

3.1 事故隐患 hidden risk of work safety accident

企业违反安全生产、职业卫生法律、法规、规章、标准、规程和管理制度的

规定，或者因其他因素在生产经营活动中存在可能导致事故发生或导致事故后果扩大的物的危险状态、人的不安全行为和管理上的缺陷。

3.2 隐患排查 screening for hidden risk

企业组织安全生产管理人员、工程技术人员、岗位员工以及其他相关人员依据国家法律法规、标准和企业管理制度，采取一定的方式和方法，对照风险分级管控措施的有效落实情况，对本单位的事故隐患进行排查的工作过程。

3.3 隐患治理 elimination of hidden risk

消除或控制隐患的活动或过程。

3.4 隐患信息 hidden risk information

包括隐患名称、位置、状态描述、可能导致后果及其严重程度、治理目标、治理措施、职责划分、治理期限等信息的总称。

4 体系建设基本原则

4.1 兼容性原则

企业安全隐患排查治理体系应与风险分级管控体系相衔接，与企业现有安全生产管理体系、职业健康管理体系、安全生产标准化管理、各类体系认证等相互兼容。

4.2 科学治患原则

企业应树立科学治患理念，采用先进、实用的隐患排查方法，积极利用信息化技术手段实施隐患排查治理。

4.3 注重实效原则

通过体系的实施，全面排查、精准判定、科学施策、有效消除各类安全隐患，提高企业隐患排查治理能力。

4.4 全员参与原则

企业应制定事故隐患排查治理培训、考核计划，分层次、分阶段组织全员学习培训，并保留培训记录，使全体从业人员掌握相关标准、程序、方法，明确各层级、岗位事故隐患排查责任、周期。

4.5　持续改进原则

企业应每年不少于一次进行体系评审，根据内、外部变化的情况进行持续改进，以确保其连续性、适宜性和有效性。

5　基本要求

5.1　建立事故隐患排查治理组织体系

企业主要负责人应负责组织建立事故隐患排查治理组织体系及工作机制，包括组织机构、岗位职责、工作目标、议事规则、工作安排等。

5.2　建立健全体系运行管理制度

建立健全事故隐患排查治理体系运行管理制度，包括各级各类人员职责、各部门运行协作流程、隐患排查范围、隐患排查方法、隐患治理、动态管理和考核制度等，明确各级各类人员隐患排查治理职责，形成企业集团、企业（场点）、车间、班组、岗位分级隐患排查治理体系。

5.3　完善科学隐患排查方法

积极采用适用的、有针对性的、科学的事故隐患排查方法，利用智能化管控技术，进一步完善危险场所风险点和关键部位在线监控、自动报警、故障自诊断、故障自愈等技术手段，建立本企业各类危险生产作业隐患排查治理数据库。通过工业互联网在安全生产中的融合应用，增强企业安全生产的感知、监测、预警、处置和评估能力，加速隐患排查从静态分析向动态感知、事后应急向事前预防、单点防控向全局联防的转变，提升本质安全水平。

5.4　实行隐患治理闭环管理

隐患治理实行分级管理、分类监管、重点处理、动态跟踪、综合治理。一般事故隐患由基层单位自查自改，治理过程、治理方法和整改验收存档备查；重大事故隐患须由企业主要负责人负责组织治理并验收。

5.5 实施绩效考核与责任追究

按照事故隐患排查治理考核制度进行考核，考核与绩效挂钩。对事故隐患排查治理成效显著的，予以奖励；对未按要求进行事故隐患排查治理、治理效果达不到要求、弄虚作假的单位和人员实施责任追究制。

5.6 强化隐患排查治理技能培训

发挥工程技术人员作用，强化各级安全管理和作业岗位人员的隐患排查治理的技能培训及考核，并建立健全相关培训档案。

5.7 实行隐患排查治理信息公开和重大事故隐患备案制

企业应对隐患排查治理的基本信息以适当的方式及时向行业监管部门上报，并及时向职工公开，接受职工的监督。

重大事故隐患排查治理情况应当及时向负有安全生产监督管理职责的部门和职工大会或职工代表大会报告，并将自查自改自报闭环管理情况进行备案。

6 隐患分级与分类

6.1 分级

6.1.1 根据整改、治理和排除的难度及其可能导致事故后果和影响范围，企业生产安全事故隐患分为一般事故隐患和重大事故隐患。

6.1.2 重大事故隐患包括违反法律、法规、规章、标准等有关规定，或者因外部因素影响致使生产经营单位自身难以排除的隐患或可能造成较严重危害的隐患，具体包括以下情形：

    a) 证照不齐，安全评价、评估结论为不合格的；

    b) 未建立安全管理机构、未配备安全管理人员、未落实安全生产责任制的；

    c) 超过许可数量和品种、超过规定作业时间、超过规定储存量、超过定员人数组织生产经营的"四超"现象的；

    d) 管理严重缺失、安全防护及控制保护设施失效可能导致本单元或更大范围安全失控的；

e) 因外部因素影响致使生产经营单位自身难以排除且构成重大风险的；

f) 使用明令禁止或者淘汰设备、工艺的；

g) 外部安全距离发生变化，不能满足 GB 50089 要求的；

h) 负有安全生产监督管理职责的部门认定的；

i) 其他构成重大事故隐患的情形。

6.1.3 除重大事故隐患以外的隐患，为一般事故隐患。

6.2 分类

6.2.1 事故隐患分为基础管理类隐患和生产现场类隐患。

6.2.2 基础管理类隐患包括以下方面存在的问题或缺陷：

a) 证照、许可及建设程序；

b) 安全生产管理机构设置及人员配备；

c) 行业人员、设备准入；

d) 安全生产责任制；

e) 生产安全技术操作规程；

f) 安全生产管理制度：教育培训、安全生产管理档案、安全生产投入、设备设施管理、应急管理、职业卫生基础管理、领导带班、事故报告、安全隐患排查治理、风险管控、技术资料、相关方安全管理等；

g) 其他。

6.2.3 生产现场类隐患包括以下方面存在的问题或缺陷：

a) 作业场所、工（库）房及设施、设备；

b) 防殉爆、隔爆措施；

c) 自动控制、安全联锁装置；

d) 安防系统、视频监控系统、门禁系统；

e) 电气与通讯、防静电与防雷；

f) 消防雨淋、采暖与通风；

g) 运输与储存、试验与销毁；

h) 内、外部安全距离；

i) 从业人员操作行为；

j) 自然灾害与环境等方面；

k) 违反现场管控措施的；

l) 其他。

7 工作程序和内容

7.1 编制排查项目清单

7.1.1 基本要求

企业每年应编制包含全部应该排查的项目内容清单，包括生产现场类事故隐患排查清单和基础管理类事故隐患排查清单。事故隐患排查清单可依据6.2.1、6.2.2条款并结合WJ/T 9075、工作危害分析法、有关事故案例等进行编制。

7.1.2 基础管理类隐患排查清单

企业应依据基础管理类内容，逐项编制排查清单。至少应包括基础管理名称、排查内容、排查标准、隐患判定、排查类型等信息，样式参见附录A。

7.1.3 生产现场类隐患排查清单

企业应依据生产现场类内容，针对风险点控制措施和标准规程要求，逐项编制排查清单。至少应包括风险点简况、排查内容、排查标准、隐患判定、排查类型等信息，样式参见附录B。

7.2 确定排查项目

实施隐患排查前，应根据排查类型、人员数量、时间安排和季节特点，在排查项目清单中选择确定具有针对性的具体排查项目作为隐患排查的内容。隐患排查可分为生产现场类隐患排查或基础管理类隐患排查，两类隐患排查可同时进行。

7.3 组织实施

7.3.1 排查类型

排查类型主要包括日常隐患排查、综合性隐患排查、专业性隐患排查、专项或季节性隐患排查、专家诊断性检查和企业各级负责人履职检查等。

7.3.2 排查要求

隐患排查应做到全面覆盖、责任到人，定期排查与日常管理相结合，专业排查与综合排查相结合，一般排查与重点排查相结合。

7.3.3　组织级别

企业应根据自身组织架构确定不同的排查组织级别和频次。排查组织级别一般包括企业集团级、企业级、部门（车间）级、班组级、岗位级。建立健全从主要负责人到从业人员，覆盖各单位、各部门、各班组、各岗位的事故隐患排查责任体系。

7.3.4　事故隐患排查周期

根据风险点特性确定隐患排查周期，明确企业各级岗位人员排查的内容，一般包括：一班三检、每班一次、每周一次、每月一次、每季一次、每半年一次等。隐患排查周期可根据安全形势的变化、上级主管部门要求等情况适当增加。企业进行隐患排查的周期应至少满足：

a)　一班三检：一线作业人员（操作工、库管员等）进行本岗位班前、班中、班后现场排查并记录；

b)　每班一次：当班安全员、设备维修人员、班长、车间（库管）主任等进行生产现场排查并记录；

c)　每周一次：安全、技术、机电等业务部门主管进行专业性排查并记录；

d)　每月一次：安全、生产、技术、机电设备等职能部门或分管负责人全面隐患排查并记录；

e)　每季一次：企业主要负责人组织的全面隐患排查并记录；

f)　每半年一次：企业集团负责人组织涵盖所有生产、销售场点的全面隐患排查并记录；

g)　对于三级及以上的风险点及其关键设备危险源、作业活动应重点关注，明确排查责任人、排查周期。

h)　按照有关规定，定期组织实施对设备、电气与通讯、消防、采暖与通风、自动控制、防静电与防雷、防爆设施、视频监控、门禁系统、作业场所、运输与储存、试验与销毁、外部环境变化、自然灾害等进行检测或安全性评估；

i)　当本企业获知相关企业发生安全事故及异常事件时，应举一反三，及时进行专项隐患排查。

7.3.5 隐患判定

一般事故隐患按照企业相关程序规定进行判定，重大事故隐患由企业主要负责人组织有关人员按照 6.1.1 规定进行判定。

7.4 隐患治理

7.4.1 隐患治理要求

隐患治理应符合以下要求：

a) 治理措施包括岗位纠正、班组治理、车间治理、部门治理、公司治理等。

b) 隐患治理应做到方法科学、资金到位、治理及时有效、责任到人、按时完成。事故隐患排除前或者排除过程中无法保证安全的，应当从危险区域内撤出作业人员，并疏散可能危及的其他人员，设置警戒标志，暂时停产停业或者停止使用相关设施、设备；对暂时难以停产或者停止使用后极易引发生产安全事故的相关设施、设备，应当加强维护保养和监测监控，防止事故发生。

c) 对于可能引发的垮塌、泥石流、滑坡、雷击、火灾、洪水等自然灾害隐患，企业应当按照有关法律、法规、规章、标准和管控措施要求进行治理。在接到有关自然灾害预报时，应当及时发出预警通知；发生自然灾害可能危及生产经营单位和人员安全的情况时，应当采取停止作业、撤离人员等防范措施，必要时向当地人民政府及负有安全生产监督管理职责的部门报告。

d) 对于因人为因素造成的外部环境变化引起的事故隐患，企业应及时向当地人民政府及负有安全生产监督管理职责的部门报告，并按照有关程序进行治理。

7.4.2 隐患治理流程

在每次隐患排查结束后对所发现的隐患，排查部门应签发隐患整改通知单，对隐患治理责任单位、措施建议、完成期限等提出要求。隐患存在单位在实施隐患治理前应当对隐患存在的原因进行分析，并制定可靠的治理措施。隐患整改通知签发部门应当对隐患治理效果组织验收。企业每月至少一次将隐患名称、存在位置、不符合状况、隐患等级、治理期限、治理措施要求及整改完成情况等信息应向负有安全生产监督管理职责的部门报告并向职工公示。隐患整改通知单样式参见附录C、事故隐患排查治理完成情况公示样式参见附录D。

7.4.3 一般事故隐患治理

由企业相关部门、单位负责人组织整改，整改情况要安排专人进行验收确认。

7.4.4 重大事故隐患治理

企业主要负责人应组织制定并实施重大事故隐患治理方案。重大事故隐患治理方案应当包括以下内容：

a) 隐患特点、成因；

b) 目标和任务；

c) 方法和措施；

d) 物资和经费保障；

e) 责任单位和责任人；

f) 时限和要求；

g) 验收部门及负责人。

7.4.5 隐患治理验收

隐患治理完成后，企业应根据隐患级别组织本单位的相关人员或专家对隐患的治理情况进行验收评估，必要时可委托依法设立的为安全生产提供技术、管理服务的机构对隐患的治理情况进行验收评估；需要进行复查验收的，按照有关规定执行，形成闭环管理。参与验收评估的机构和人员对验收评估结果负责。重大事故隐患治理要做好登记及整改销号审批。对政府督办的重大隐患，按有关规定执行。重大事故隐患登记及整改销号审批表样式参见附录E。

8 信息平台建设

8.1 基本要求

企业宜采用信息化管理手段，通过工业互联网建立安全生产双重预防信息平台，推动人员、装备、物资等安全生产要素的网络化连接、敏捷化响应和自动化调配，形成"快速感知、实时监测、超前预警、联动处置、系统评估"等新型事故隐患治理能力体系。

平台应具备安全风险分级管控、隐患排查治理、统计分析及风险预警等功能，实现风险与隐患数据应用的无缝连接；保障数据安全，具备权限分级功能。

8.2 功能模块

8.2.1 风险分级管控模块

风险分级管控模块应实现对安全风险的记录、跟踪、统计、分析和上报全过程的信息化管理。应具备以下功能：

a) 风险点的管理（增加、删除、编辑、查询等功能）；

b) 年度、专项、岗位、临时风险辨识评估的管理（辨识数据的录入、辅助辨识评估、辅助生成文件、审核、结果上传等）。

8.2.2 隐患排查治理模块

隐患排查治理模块实现对隐患的记录统计、过程跟踪、逾期报警、信息上报的信息化管理。应具备以下主要功能：

a) 隐患信息录入及与风险的关联；

b) 隐患整改、复查、销号等过程跟踪，实现闭环管理。对于整改超期、或整改未达到要求的，进行预警；

c) 实现重大隐患自动上报、跟踪督办。

8.2.3 统计分析及预警模块

统计分析及预警模块应具备以下功能：

a) 实现安全风险和隐患的多维度统计分析，自动生成报表；

b) 实现安全风险等级变化和隐患数据变化的预警功能；

c) 与风险点关联，实现安全风险动态管理的直观展现，宜与安全生产相关系统集成。

8.3 系统接口

系统接口应具备以下功能：

a) 应具备信息提醒接口，实现预警信息的及时推送；

b) 应具备对外提供数据接口，实现风险、隐患等数据与其他系统的对接。

8.4 系统管理

企业的双重预防体系系统管理员应定期对信息系统中涉及本单位相关内容进行定期更新和维护，更新内容主要包括企业管理机构、生产工艺、设备设施、安全风险评价清单、风险点（源）数据库、风险点隐患排查清单、隐患排查治理信息数据库等内容。

9 事故隐患排查治理档案

9.1 建立事故隐患排查治理台账

企业每年应依据排查出的隐患，编制隐患排查治理台账，包括基础管理类事故隐患台账和生产现场类事故隐患台账，台账内容至少应包括计划、排查、整改、验收等过程记录。基础管理类事故隐患排查治理台账样式参见附录 F、现场管理类事故隐患排查治理台账样式参见附录 G。

9.2 实施隐患排查治理档案管理

隐患排查治理的记录自隐患治理验收完毕之日起至少保存三年,档案至少应包括：

a) 事故隐患排查治理制度；

b) 事故隐患排查清单；

c) 事故隐患排查治理台账；

d) 事故隐患排查治理情况公示资料；

e) 重大事故隐患登记及整改销号审批表；

f) 重大事故隐患排查、评估记录，隐患整改复查验收记录等，应单独建档管理。

10 持续改进

10.1 更新

企业应主动根据以下情况对隐患排查治理体系的影响，及时更新隐患排查治理的范围、隐患等级和类别、隐患信息等内容，主要包括：

    a)   法律、法规、规章、标准变化或更新；

    b)   企业组织形式、作业场所及安全管理体系发生重大变化；

    c)   企业生产工艺技术及设备发生重大变化；

    d)   发生事故和相关重大事件的；

    e)   其它应当进行更新的情形。

10.2　评审

企业应每年不少于一次对隐患排查治理体系运行情况进行评审，当发生变更时应及时组织评审，并保存评审记录。

10.3　改进

评审后需要对隐患排查治理体系实施改进的，由企业主要负责人组织制定方案实施改进。同时应保存体系改进措施、实施情况和效果验证等记录。

11　沟通

企业应建立不同职能和层级间的内部沟通和用于与相关方的外部沟通机制，及时有效传递隐患信息，提高隐患排查治理的效果和效率。

附　录　A

（资料性）

_____年度基础管理类事故隐患排查清单（样表）

序号	基础管理项目	排查内容	排查标准	隐患判定	排查类型（一）		排查类型（二）		排查类型（…）	
					排查周期	组织级别	排查周期	组织级别	排查周期	组织级别

注1：排查类型主要包括综合性隐患排查、专业性隐患排查、专项或季节性隐患排查、专家诊断性检查和企业各级负责人履职检查等。

注2：组织级别包括企业集团级、企业级、部门（车间）级、班组级。

注3："隐患判定"栏在隐患排查判定后填写。

附 录 B

（资料性）

_____年度生产现场类事故隐患排查清单（样表）

序号	风险点简况			排查内容	排查标准	隐患判定	排查类型（一）		排查类型（二）		排查类型（…）	
	风险点名称	责任单位	风险等级				排查周期	组织级别	排查周期	组织级别	排查周期	组织级别

注1：排查类型主要包括综合性隐患排查、专业性隐患排查、专项或季节性隐患排查、专家诊断性检查和企业各级负责人履职检查等。

注2：组织级别包括企业集团级、企业级、部门（车间）级、班组级。

注3："隐患判定"栏在隐患排查判定后填写。

附　录　C

隐患整改通知单（样表）

　年　　月　　日　　　　　　　　　　　　　　　　　　　　　　编号：

排查部门		负责人	
存在的隐患			
隐患判定			
整改措施及要求			
排查人员签字		整改责任人签字	
落实验证			

　　　　　　　　　　　　　　　　　　　　　　　　验收人：　　　　验收日期：

附 录 D

（资料性）

事故隐患排查治理完成情况公示（样表）

×××××××（企业名称）								
（年、月）隐患排查治理完成情况公示								
序号	隐患内容	所在区域	整改要求	整改责任人	完成时间	完成情况	整改验收人	验收时间
备注：								

附 录 E

（资料性）

重大事故隐患登记及整改销号审批表（样表）

隐患编号：

单位名称		单位负责人	
隐患名称		隐患类型	
发现时间		治理完成时限	
隐患概况：（包括隐患形成原因、可能影响范围、造成的死亡人数、造成的职业病人数、造成的直接经济损失）。			
主要治理方案：（包括治理措施、所需资金、完成时限、治理期间采取的防范措施和应急措施）。			
整改情况			
单位分管领导意见			
单位主要负责人意见			
监管部门意见			
注：由于重大事故隐患导致发生的事故后果严重，因此需要企业特别关注。涉及重大事故隐患的整改完成后，应填写重大事故隐患销号记录。鉴于现行法律法规要求，企业存在重大事故隐患的，当地民爆安全监管部门将纳入监管重点，因此对于重大事故隐患的治理实施销号制度，对重大事故隐患的治理效果应当有监管部门的意见。重大隐患排除后，经审查同意，方可恢复生产经营与使用。			

附 录 F

（资料性）

基础管理类事故隐患排查治理台账（样表）

序号	基础管理项目	计划过程						排查过程						整改过程					验收过程		
		排查内容	标准	排查类型	排查周期	责任单位	责任人	排查结果	隐患描述	隐患级别	排查人	排查时间	形成原因分析	整改措施	整改责任单位	整改责任人	整改期限	资金金额	验收时间	验收人	验收情况

注：本表仅供参考，企业可根据实际进行调整。

附 录 G

（资料性）
现场管理类事故隐患排查治理台账（样表）

风险点简况			计划过程						排查过程					整改过程					验收过程		
序号	风险点名称	所属单位	风险等级	排查内容	标准	排查类型	排查周期	责任单位	责任人	排查结果	隐患描述	隐患级别	排查人	排查时间	形成原因分析	整改措施	整改责任单位	整改责任人	整改期限	资金额	验收时间	验收人	验收情况

注：本表仅供参考，企业可根据实际进行调整。

第二部分 部分重大事故隐患判定标准解读

《煤矿重大事故隐患判定标准》解读

为准确判定、及时消除煤矿重大事故隐患，根据《安全生产法》和《国务院关于预防煤矿生产安全事故的特别规定》（国务院令第 446 号）等法律、行政法规，结合近年来煤矿典型事故教训，应急管理部制定印发了《煤矿重大事故隐患判定标准》（应急管理部令第 4 号，以下简称《判定标准》），从 15 个方面列举了 81 种应当判定为重大事故隐患的情形。为进一步明确《判定标准》有关情形的内涵及依据，便于各级煤矿安全监管监察部门和煤矿企业应用，规范《判定标准》有效执行，现对《判定标准》中重点条款含义进行解释说明。

第一条 为了准确认定、及时消除煤矿重大事故隐患，根据《中华人民共和国安全生产法》和《国务院关于预防煤矿生产安全事故的特别规定》（国务院令第 446 号）等法律、行政法规，制定本标准。

第二条 本标准适用于判定各类煤矿重大事故隐患。

第三条 煤矿重大事故隐患包括下列 15 个方面：

（一）超能力、超强度或者超定员组织生产；

（二）瓦斯超限作业；

（三）煤与瓦斯突出矿井，未依照规定实施防突出措施；

（四）高瓦斯矿井未建立瓦斯抽采系统和监控系统，或者系统不能正常运行；

（五）通风系统不完善、不可靠；

（六）有严重水患，未采取有效措施；

（七）超层越界开采；

（八）有冲击地压危险，未采取有效措施；

（九）自然发火严重，未采取有效措施；

（十）使用明令禁止使用或者淘汰的设备、工艺；

（十一）煤矿没有双回路供电系统；

（十二）新建煤矿边建设边生产，煤矿改扩建期间，在改扩建的区域生产，或者在其他区域的生产超出安全设施设计规定的范围和规模；

（十三）煤矿实行整体承包生产经营后，未重新取得或者及时变更安全生产许可证而从事生产，或者承包方再次转包，以及将井下采掘工作面和井巷维修作业进行劳务承包；

（十四）煤矿改制期间，未明确安全生产责任人和安全管理机构，或者在完成改制后，未重新取得或者变更采矿许可证、安全生产许可证和营业执照；

（十五）其他重大事故隐患。

【解读】

本条按照《国务院关于预防煤矿生产安全事故的特别规定》（国务院令第446号）第八条第二款规定，明确了煤矿重大事故隐患的15个方面。

第四条 "超能力、超强度或者超定员组织生产"重大事故隐患，是指有下列情形之一的：

（一）煤矿全年原煤产量超过核定（设计）生产能力幅度在10%以上，或者月原煤产量大于核定（设计）生产能力的10%的；

【解读】

1. 本条中"煤矿全年原煤产量超过核定（设计）生产能力幅度在10%以上"，是指煤矿（含井工和露天）全年的原煤产量，超出煤矿核定（设计）生产能力的幅度达到10%及以上的；"月原煤产量大于核定（设计）生产能力的10%"，是指煤矿单月的原煤产量达到煤矿核定（设计）生产能力的10%及以上的。

例如：某矿核定生产能力为120万吨/年，当该矿全年原煤产量达到或者超过132万吨，或者单月原煤产量达到或者超过12万吨时，为重大事故隐患。

2. 本条中"原煤产量"，是指从煤矿中开采运输出井（坑）的煤炭产品的总重量。

（二）煤矿或者其上级公司超过煤矿核定（设计）生产能力下达生产计划或者经营指标的；

【解读】

本条是指存在下列情形之一的：

（1）煤矿或者其上级公司对本矿下达的生产计划，超过煤矿核定（设计）生产能力的。

（2）煤矿或者其上级公司对本矿下达的年度生产经营指标，经过成本核算，需要煤矿生产的原煤产量超过煤矿核定（设计）生产能力才能完成的。

（三）煤矿开拓、准备、回采煤量可采期小于国家规定的最短时间，未主动采取限产或者停产措施，仍然组织生产的（衰老煤矿和地方人民政府计划停产关闭煤矿除外）；

【解读】

1. 本条中"煤矿开拓、准备、回采煤量可采期小于国家规定的最短时间"，是指煤矿开拓、准备、回采煤量可采期小于《防范煤矿采掘接续紧张暂行办法》规定的最短时间。

（1）开拓煤量可采期：①煤与瓦斯突出矿井、水文地质类型极复杂矿井、冲击地压矿井不少于5年；②高瓦斯矿井、水文地质类型复杂矿井不少于4年；③其他矿井不少于3年。

（2）矿井准备煤量可采期：①水文地质条件复杂和极复杂矿井、煤与瓦斯突出矿井、冲击地压矿井、煤巷掘进机械化程度与综合机械化采煤程度的比值小于0.7的矿井不少于14个月；②其他矿井不少于12个月。

（3）矿井回采煤量可采期：①2个及以上采煤工作面同时生产的矿井不少于5个月；②其他矿井不少于4个月。

2. 对尽管采取了限产措施，开拓、准备、回采煤量可采期仍不符合规定的，判定为重大事故隐患。

3. "三量"的定义及计算方法：

开拓煤量是在矿井可采储量范围内已完成设计规定的主井、副井、风井、井底车场、主要石门、采（盘）区大巷、回风石门、回风大巷、主要硐室和煤仓等开拓掘进工程后，形成矿井通风、排水等系统所圈定的煤炭储量，减去开拓区内地质及水文地质损失、设计损失量和开拓煤量可采期内不能回采的临时煤柱及其他开采量。开拓煤量按下式计算：

$$Q_开 = (LhMD - Q_{地损} - Q_{呆滞})K$$

式中　　$Q_开$——开拓煤量，t；

　　　　L——已完成开拓工程的采（盘）区煤层平均走向长度，m；

　　　　h——已完成开拓工程的采（盘）区煤层平均倾斜长度，m；

　　　　M——开拓区域煤层平均厚度，m；

　　　　D——实体煤容重，t/m³；

　　　$Q_{地损}$——地质及水文地质损失，t；

　　　$Q_{呆滞}$——呆滞煤量，包括永久煤柱的可回采部分和开拓煤量可采期内不能开采的临时煤柱及其他煤量，t；

K——采区回采率。

准备煤量是在开拓煤量范围内已经完成了设计规定的采（盘）区主要巷道掘进工程，形成完整的采（盘）区通风、排水、运输、供电、通信等生产系统后，且煤与瓦斯突出煤层煤巷条带区域无突出危险或消除突出危险的煤层中，各区段（或倾斜条带）可采储量之和。准备煤量按下式计算：

$$Q_{准} = \sum_{i=1}^{n} (L_i l_i M_i D_i K_i + q_i) + Q_{回}$$

式中　$Q_{准}$——准备煤量，t；

L_i——第 i 个区段的采煤工作面有效推进长度，m；

l_i——第 i 个区段的平均采煤工作面长度，m；

M_i——第 i 个区段的煤层平均厚度，m；

D_i——第 i 个区段的实体煤容重，t/m³；

K_i——第 i 个区段的工作面回采率；

q_i——第 i 个区段的巷道掘进出煤量，t；

n——区段个数；

$Q_{回}$——回采煤量，t。

回采煤量是准备煤量范围内，已按设计完成工作面进风巷、回风巷等回采巷道及开切眼掘进工程所圈定的，且瓦斯抽采、防突和防治水的效果已达到工作面安全回采要求的可采储量，即正在回采或只要安装设备后，便可进行正式回采的工作面煤量之和。回采煤量按下式计算：

$$Q_{回} = \sum_{i=1}^{n} L_i l_i M_i D_i K_i$$

式中　$Q_{回}$——回采煤量，t；

L_i——第 i 个工作面有效或剩余推进（回采）长度，m；

l_i——第 i 个回采工作面平均长度，m；

M_i——第 i 个回采工作面煤层平均厚度，m；

D_i——第 i 个工作面实体煤容重，t/m³；

K_i——第 i 个工作面回采率；

n——回采工作面个数。

开拓煤量、准备煤量、回采煤量如图 1 所示。

4. 本条中"衰老煤矿"，是指开拓、准备、回采煤量开采期虽小于《防范煤矿采掘接续紧张暂行办法》规定的最短时间，但已无相应掘进工程量的煤矿。

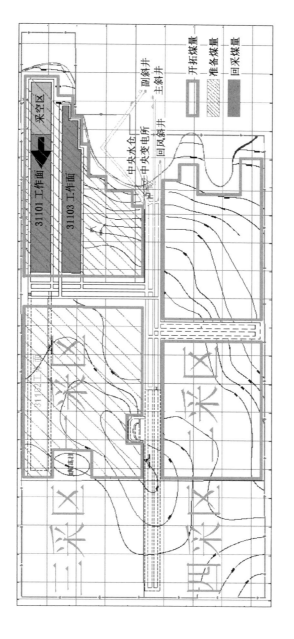

图 1　开拓煤量、准备煤量、回采煤量示意图

（四）煤矿井下同时生产的水平超过2个，或者一个采（盘）区内同时作业的采煤、煤（半煤岩）巷掘进工作面个数超过《煤矿安全规程》规定的；

【解读】

1. 本条中"一个采（盘）区内同时作业的采煤、煤（半煤岩）巷掘进工作面个数超过《煤矿安全规程》规定"，是指违反《煤矿安全规程》第九十五条有关规定，存在下列情形之一的：

（1）一个采（盘）区内同一煤层的一翼同时作业的采煤工作面超过1个或煤（半煤岩）巷掘进工作面超过2个的。

（2）一个采（盘）区内同一煤层双翼开采或者多煤层开采的，该采（盘）区同时作业的采煤工作面超过2个或煤（半煤岩）巷掘进工作面超过4个的。

2. 按照《煤矿安全规程执行说明（2016）》第10条有关规定，备用采煤工作面不计为正常作业的采煤工作面，但不得与生产采煤工作面同时采煤（包括同一日内的错时生产）；采煤工作面的安装或回撤不属于正常采煤作业。交替生产的采煤工作面不计为备用工作面。交替作业的双巷掘进工作面计为1个掘进工作面。

3. 本条中"作业"，是指采掘作业，不包含抽采瓦斯等灾害治理工程。

（五）瓦斯抽采不达标组织生产的；

【解读】

本条是指违反《煤矿瓦斯抽采达标暂行规定》有关规定，存在下列情形之一的：

（1）瓦斯涌出量主要来自于开采层的采煤工作面，评价范围内煤的可解吸瓦斯量不能满足表1规定，仍然组织生产的。

表1　采煤工作面回采前煤的可解吸瓦斯量应达到的指标

工作面日产量/t	可解吸瓦斯量 W_j/（$m^3 \cdot t^{-1}$）
≤1000	≤8
1001～2500	≤7
2501～4000	≤6
4001～6000	≤5.5
6001～8000	≤5
8001～10000	≤4.5
＞10000	≤4

（2）对瓦斯涌出量主要来自于邻近层或围岩的采煤工作面，计算的瓦斯抽采率不能满足表2规定，仍然组织生产的。

表2　采煤工作面瓦斯抽采率应达到的指标

工作面绝对瓦斯涌出量 $Q/(\mathrm{m}^3 \cdot \mathrm{min}^{-1})$	工作面瓦斯抽采率/%
$5 \leqslant Q < 10$	$\geqslant 20$
$10 \leqslant Q < 20$	$\geqslant 30$
$20 \leqslant Q < 40$	$\geqslant 40$
$40 \leqslant Q < 70$	$\geqslant 50$
$70 \leqslant Q < 100$	$\geqslant 60$
$100 \leqslant Q$	$\geqslant 70$

（3）采掘工作面在满足风速不超过4 m/s的条件下，回风流中瓦斯浓度超过1%，仍然组织生产的。

（4）矿井瓦斯抽采率不能满足表3规定，仍然组织生产的。

表3　矿井瓦斯抽采率应达到的指标

矿井绝对瓦斯涌出量 $Q/(\mathrm{m}^3 \cdot \mathrm{min}^{-1})$	矿井瓦斯抽采率/%
$Q < 20$	$\geqslant 25$
$20 \leqslant Q < 40$	$\geqslant 35$
$40 \leqslant Q < 80$	$\geqslant 40$
$80 \leqslant Q < 160$	$\geqslant 45$
$160 \leqslant Q < 300$	$\geqslant 50$
$300 \leqslant Q < 500$	$\geqslant 55$
$500 \leqslant Q$	$\geqslant 60$

（5）对突出煤层实施预抽煤层瓦斯区域防突措施的，煤层残余瓦斯压力 $P \geqslant$ 0.74 MPa 或残余瓦斯含量 $W \geqslant 8 \mathrm{m}^3/\mathrm{t}$（构造带 $W \geqslant 6 \mathrm{m}^3/\mathrm{t}$）时，仍然组织生产的。

（六）煤矿未制定或者未严格执行井下劳动定员制度，或者采掘作业地点单班作业人数超过国家有关限员规定20%以上的。

【解读】

1. 本条中"未严格执行井下劳动定员制度",是指煤矿未按照本矿制定的劳动定员制度实施入井人员管理,造成井下采掘作业地点人数超过本矿制定的劳动定员规定 20% 以上的。

2. 本条中"采掘作业地点",是指采煤工作面和掘进工作面。采煤工作面是指包括工作面及工作面进、回风巷在内的区域;掘进工作面是指从掘进迎头至工作面回风流与全风压风流汇合处的区域。

3. 本条中"单班作业人数",是指单个班次的作业人数,不包括临时性进出的煤矿领导、职能部门巡检人员及巡回瓦斯检查员(当班专职瓦斯检查员除外)等。

4. 人员进入冲击地压危险区域时必须严格执行"人员准入制度",包含进入有关区域的全部人员。

5. 采掘作业地点单班作业人数按照《煤矿井下单班作业人数限员规定(试行)》执行,详见表 4 和表 5。

表 4　采煤工作面单班作业人数规定

矿井类型	机械化采煤工作面/人		炮采工作面/人
	检修班	生产班	
灾害严重矿井	≤40	≤25	≤25
其他矿井	≤30	≤20	≤25

表 5　掘进工作面单班作业人数规定

矿井类型	综掘工作面/人	炮掘工作面/人
灾害严重矿井	≤18	≤15
其他矿井	≤16	≤12

注:表中"灾害严重矿井"是指高瓦斯矿井、煤(岩)与瓦斯(二氧化碳)突出矿井、水文地质类型复杂或极复杂矿井,以及冲击地压矿井,不属于上述灾害类型的矿井为"其他矿井"。

第五条　"瓦斯超限作业"重大事故隐患,是指有下列情形之一的:

(一)瓦斯检查存在漏检、假检情况且进行作业的;

【解读】

1. 本条中"漏检",是指违反《煤矿安全规程》第一百七十五条、第一百八十条有关规定，应检查而未检查瓦斯，存在下列情形之一的：

（1）低瓦斯矿井，瓦斯检查工检查采掘工作面内及回风巷甲烷浓度每班次数少于2次。

（2）高瓦斯矿井，瓦斯检查工检查采掘工作面内及回风巷甲烷浓度每班次数少于3次。

（3）有煤（岩）与瓦斯（二氧化碳）突出危险或者瓦斯（二氧化碳）涌出量较大、变化异常的采掘工作面，对瓦斯或二氧化碳浓度，每班专人检查少于3次。

（4）井下回风流中使用的机电设备设置地点及其开关附近20 m范围内未每班检查甲烷浓度。

（5）可能涌出或者积聚甲烷、二氧化碳的硐室和巷道，停工（停风）地点恢复施工、钻孔施工、巷道贯通、爆破作业、井下电气焊割等作业未按规定检查甲烷、二氧化碳浓度。

2. 本条中"假检"，是指未实地检查瓦斯就填写记录、汇报情况的，或者填报、记录的数据与实际检测数据不符的。

（二）井下瓦斯超限后继续作业或者未按照国家规定处置继续进行作业的；

【解读】

本条是指违反《煤矿安全规程》第一百七十二条、第一百七十三条、第一百七十四条有关规定，存在下列情形之一的：

（1）采区回风巷、采掘工作面回风巷风流中甲烷浓度超过1.0%时或者二氧化碳浓度超过1.5%时，未停止工作，撤出人员，采取措施，进行处理的。

（2）采掘工作面及其他作业地点风流中甲烷浓度达到1.0%时，仍使用电钻打眼的；或者爆破地点附近20 m以内风流中甲烷浓度达到1.0%时，仍实施爆破的。

（3）采掘工作面及其他作业地点风流中、电动机及其开关安设地点附近20 m以内风流中的甲烷浓度达到1.5%时，未停止工作，切断电源，撤出人员，进行处理的。

（4）采掘工作面及其他巷道内，体积大于0.5 m³的空间内积聚的甲烷浓度达到2.0%时，附近20 m内未停止工作，撤出人员，切断电源，进行处理的。

（5）采掘工作面风流中二氧化碳浓度达到1.5%时，未停止工作，撤出人员，查明原因，制定措施，进行处理的。

（三）井下排放积聚瓦斯未按照国家规定制定并实施安全技术措施进行作业的。

【解读】

本条是指排放积聚瓦斯未按照《煤矿安全规程》第一百七十六条有关规定，存在下列情形之一的：

（1）对甲烷浓度或者二氧化碳浓度超过3.0%的停风区恢复通风时，未制定安全排放瓦斯措施并报矿总工程师批准的。

（2）对甲烷浓度和二氧化碳浓度未超过3.0%，但甲烷浓度超过1.0%或者二氧化碳浓度超过1.5%的停风区恢复通风时，未采取安全措施，控制风流排放瓦斯的。

（3）在排放瓦斯过程中，排出的瓦斯与全风压风流混合处的甲烷或者二氧化碳浓度超过1.5%的，或者混合风流经过的巷道内未停电撤人的。

第六条 "煤与瓦斯突出矿井，未依照规定实施防突出措施"重大事故隐患，是指有下列情形之一的：

（一）未设立防突机构并配备相应专业人员的；

（二）未建立地面永久瓦斯抽采系统或者系统不能正常运行的；

（三）未按照国家规定进行区域或者工作面突出危险性预测的（直接认定为突出危险区域或者突出危险工作面的除外）；

【解读】

1. 本条中"未按照国家规定进行区域突出危险性预测"，是指违反《煤矿安全规程》第一百九十一条和《防治煤与瓦斯突出细则》第五十一条、第五十二条有关规定，存在下列情形之一的：

（1）未依据煤层瓦斯的井下实测资料，并结合地质勘查资料、上水平及邻近区域的实测和生产资料等对开采的突出煤层进行区域突出危险性预测的。

（2）区域突出危险性预测的范围未根据突出矿井的开拓方式、巷道布置、地质构造分布、测试点布置等情况划定；或者1个区段预测为突出危险区的，在该区段内划分无突出危险区的。

（3）预测采用的方法违反《防治煤与瓦斯突出细则》规定的。

（4）预测过程中数据不真实、存在错误，导致预测结果发生较大偏差的。

2. 本条中"未按照国家规定进行工作面突出危险性预测"，是指违反《煤矿安全规程》第一百九十一条和《防治煤与瓦斯突出细则》第七十五条有关规定，未对井巷揭煤工作面、煤巷掘进工作面、采煤工作面等采掘工作面煤体的突出危险性进行预测的。

（四）未按照国家规定采取防治突出措施的；

【解读】

本条是指经预测有突出危险的煤层进行采掘作业前，未按照《煤矿安全规程》《防治煤与瓦斯突出细则》有关规定设计、采取区域防突措施或局部防突措施的情形。

1. 未按照国家规定采取区域防突措施，是指应当采取区域防突措施，而采掘作业前未采取开采保护层或者预抽煤层瓦斯防突措施的，包括下列 2 类情形。

第 1 类，未按规定开采保护层，是指存在下列情形之一的：

（1）具备保护层开采条件而未开采的，或保护层的选择违反《防治煤与瓦斯突出细则》第六十一条规定原则的。

（2）实施保护层开采不符合《防治煤与瓦斯突出细则》第六十二条规定要求，不连续、不成区域规模，留有非保护区域又未采取补充区域措施消突的，或者未同时抽采被保护层瓦斯的。

（3）保护范围、保护效果达不到《防治煤与瓦斯突出细则》第五十五条、第六十三条要求的。

第 2 类，未按规定预抽煤层瓦斯，是指没有按规定采取预抽煤层瓦斯区域措施，或者瓦斯抽采不符合《防治煤与瓦斯突出细则》有关要求，存在下列情形之一的：

（1）预抽煤层瓦斯区段钻孔、回采区域钻孔、煤巷条带钻孔不能有效控制整个区段、整个回采区域、整个煤巷条带及其巷道两侧的。

（2）预抽揭煤区域煤层钻孔控制范围不符合《防治煤与瓦斯突出细则》要求，或者钻孔布置不均匀，存在瓦斯治理盲区、空白区，直接影响区域措施效果的。

（3）采掘工作面距相邻突出煤层突出危险区法向距离 5 m 以内，没有对突出煤层采取防突措施并经过效果检验有效的。

（4）采取《防治煤与瓦斯突出细则》限制使用或禁用的区域防突措施的，或者以局部防突措施代替区域措施的。

（5）区域预测为突出危险区的煤层，或者在采掘作业和综合防突措施实施过程中，发现有喷孔、顶钻等明显突出预兆或者发生突出的区域，没有采取或者继续执行区域防突措施的。

2. 未按照国家规定采取局部防突措施，是指经工作面预测有突出危险的工作面存在下列情形之一的：

（1）未采取工作面防突措施的，或者揭煤作业程序和措施不符合规定要求的。

（2）采掘作业进入最小防突措施超前距以内的。

（五）未按照国家规定进行防突措施效果检验和验证，或者防突措施效果检验和验证不达标仍然组织生产建设，或者防突措施效果检验和验证数据造假的；

【解读】

本条中"未按照国家规定进行防突措施效果检验和验证"，是指存在下列情形之一的：

（1）实施防突措施以后，在突出煤层内或者在距突出煤层突出危险区法向距离小于 5 m 的邻近煤、岩层内进行采掘作业前，未对突出煤层相应区域或者工作面进行区域（局部）效果检验的，或者效果检验的方法不符合《防治煤与瓦斯突出细则》规定要求，直接影响检验结果的。

（2）在区域预测为无突出危险区或者采取区域措施后判定为无突出危险区内进行采掘作业前，未对突出煤层相应区域进行区域验证的（直接采用局部综合防突措施的除外），或者验证的方法不符合《防治煤与瓦斯突出细则》规定要求，直接影响验证结果的。

（3）保护层开采存在以下情形的：①未实际考察保护效果和保护范围，且未对每个被保护层工作面的保护效果进行检验的；②最大膨胀变形量未超过3‰，且未对每个被保护层工作面的保护效果进行检验的；③保护层的开采厚度小于或者等于 0.5 m，且未对每个被保护层工作面的保护效果进行检验的；④上保护层与被保护突出煤层间距大于 50 m 或者下保护层与被保护突出煤层间距大于 80 m，且未对每个被保护层工作面的保护效果进行检验的。

（六）未按照国家规定采取安全防护措施的；

【解读】

本条是指违反《煤矿安全规程》第二百二十条有关规定，井巷揭穿突出煤层和在突出煤层中进行采掘作业时，未采取避难硐室、反向风门、压风自救装置、隔离式自救器、远距离爆破等安全防护措施的。

（七）使用架线式电机车的。

第七条 "高瓦斯矿井未建立瓦斯抽采系统和监控系统，或者系统不能正常运行"重大事故隐患，是指有下列情形之一的：

（一）按照《煤矿安全规程》规定应当建立而未建立瓦斯抽采系统或者系统不正常使用的；

【解读】

1. 本条中"按照《煤矿安全规程》规定应当建立而未建立瓦斯抽采系统"，是指违反《煤矿安全规程》第一百八十一条规定，有下列情况之一的矿井，未建立地面永久抽采瓦斯系统或者井下临时抽采瓦斯系统的：

（1）任一采煤工作面的瓦斯涌出量大于 5 m³/min 或者任一掘进工作面瓦斯涌出量大于 3 m³/min，用通风方法解决瓦斯问题不合理的。

（2）矿井绝对瓦斯涌出量达到下列条件的：大于或者等于 40 m³/min；年产量 1.0～1.5 Mt 的矿井，大于 30 m³/min；年产量 0.6～1.0 Mt 的矿井，大于 25 m³/min；年产量 0.4～0.6 Mt 的矿井，大于 20 m³/min；年产量小于或者等于 0.4 Mt 的矿井，大于 15 m³/min。

2. 本条中"系统不能正常运行"，是指存在下列情形之一的：

（1）瓦斯抽采系统故障不能运转且未及时修复。

（2）应使用瓦斯抽采系统抽采而未使用的。

（二）未按照国家规定安设、调校甲烷传感器，人为造成甲烷传感器失效，或者瓦斯超限后不能报警、断电或者断电范围不符合国家规定的。

【解读】

1. 本条中"未按照国家规定安设甲烷传感器"，是指存在下列情形之一的：

（1）违反《煤矿安全规程》第四百九十九条有关规定，下列地点未设置甲烷传感器的：①采煤工作面及其回风巷和回风隅角，高瓦斯和突出矿井采煤工作面回风巷长度大于 1000 m 时回风巷中部；②煤巷、半煤岩巷和有瓦斯涌出的岩巷掘进工作面及其回风流中，高瓦斯和突出矿井的掘进巷道长度大于 1000 m 时掘进巷道中部；③突出矿井采煤工作面进风巷；④采用串联通风时，被串采煤工作面的进风巷，被串掘进工作面的局部通风机前；⑤采区回风巷、一翼回风巷、总回风巷；⑥使用架线电机车的主要运输巷道内装煤点处；⑦煤仓上方、封闭的带式输送机地面走廊；⑧地面瓦斯抽采泵房内；⑨井下临时瓦斯抽采泵站下风侧栅栏外。

（2）违反《煤矿安全规程》第五百条有关规定，突出矿井在下列地点未设置全量程或者高低浓度甲烷传感器的：①采煤工作面进、回风巷；②煤巷、半煤岩巷和有瓦斯涌出的岩巷掘进工作面回风流中；③采区回风巷；④总回风巷。

（3）违反《防治煤与瓦斯突出细则》第三十二条第（一）款有关规定，实施防突措施钻孔时，在钻机回风侧10 m范围内未设置具备超限报警断电功能的甲烷传感器的。

（4）违反《防治煤矿冲击地压细则》第三十九条有关规定，具有冲击地压危险的高瓦斯矿井，采煤工作面进风巷（距工作面不大于10 m处）未设置具有超限报警断电功能的甲烷传感器的。

2. 本条中"未按照国家规定调校甲烷传感器"，是指甲烷传感器未调校或者未按规定周期调校的。

3. 本条中"人为造成甲烷传感器失效"，是指采取堵塞、包裹或风吹甲烷传感器进气口，或者故意不按规定位置悬挂甲烷传感器等方式，造成甲烷传感器失效的。

4. 本条中"瓦斯超限后不能报警、断电或者断电范围不符合国家规定"，是指报警功能、甲烷电闭锁功能失效，造成甲烷超限后不能报警、不能切断控制范围内非本质安全型电气设备电源的。甲烷超限的报警、断电范围不符合《煤矿安全规程》第四百九十八条有关规定，即甲烷传感器的设置地点、报警浓度、断电浓度和断电范围不符合表6要求的。

表6　甲烷传感器的设置地点、报警浓度、断电浓度和断电范围

设 置 地 点	报警浓度/%	断电浓度/%	断 电 范 围
采煤工作面回风隅角	≥1.0	≥1.5	工作面及其回风巷内全部非本质安全型电气设备
低瓦斯和高瓦斯矿井的采煤工作面	≥1.0	≥1.5	工作面及其回风巷内全部非本质安全型电气设备
突出矿井的采煤工作面	≥1.0	≥1.5	工作面及其进、回风巷内全部非本质安全型电气设备
采煤工作面回风巷	≥1.0	≥1.0	工作面及其回风巷内全部非本质安全型电气设备
突出矿井采煤工作面进风巷	≥0.5	≥0.5	工作面及其进、回风巷内全部非本质安全型电气设备

表6（续）

设 置 地 点	报警浓度/%	断电浓度/%	断 电 范 围
采用串联通风的被串采煤工作面进风巷	≥0.5	≥0.5	被串采煤工作面及其进、回风巷内全部非本质安全型电气设备
高瓦斯、突出矿井采煤工作面回风巷中部	≥1.0	≥1.0	工作面及其回风巷内全部非本质安全型电气设备
煤巷、半煤岩巷和有瓦斯涌出岩巷的掘进工作面	≥1.0	≥1.5	掘进巷道内全部非本质安全型电气设备
煤巷、半煤岩巷和有瓦斯涌出岩巷的掘进工作面回风流中	≥1.0	≥1.0	掘进巷道内全部非本质安全型电气设备
突出矿井的煤巷、半煤岩巷和有瓦斯涌出岩巷的掘进工作面的进风分风口处	≥0.5	≥0.5	掘进巷道内全部非本质安全型电气设备
采用串联通风的被串掘进工作面局部通风机前	≥0.5	≥0.5	被串掘进巷道内全部非本质安全型电气设备
	≥0.5	≥1.5	被串掘进工作面局部通风机
高瓦斯矿井双巷掘进工作面混合回风流处	≥1.0	≥1.0	除全风压供风的进风巷外，双掘进巷道内全部非本质安全型电气设备
高瓦斯和突出矿井掘进巷道中部	≥1.0	≥1.0	掘进巷道内全部非本质安全型电气设备
采区回风巷	≥1.0	≥1.0	采区回风巷内全部非本质安全型电气设备
一翼回风巷及总回风巷	≥0.75	—	
使用架线电机车的主要运输巷道内装煤点处	≥0.5	≥0.5	装煤点处上风流100 m内及其下风流的架空线电源和全部非本质安全型电气设备
井下煤仓	≥1.5	≥1.5	煤仓附近的各类运输设备及其他非本质安全型电气设备
封闭的带式输送机地面走廊内，带式输送机滚筒上方	≥1.5	≥1.5	带式输送机地面走廊内全部非本质安全型电气设备
地面瓦斯抽采泵房内	≥0.5		
井下临时瓦斯抽采泵站下风侧栅栏外	≥1.0	≥1.0	瓦斯抽采泵站电源

第八条 "通风系统不完善、不可靠"重大事故隐患，是指有下列情形之一的：

（一）矿井总风量不足或者采掘工作面等主要用风地点风量不足的；

【解读】

本条中"风量不足"是指矿井总风量或者采掘工作面等主要用风地点实际风量小于设计需风量，形成瓦斯超限、缺氧窒息或有毒气体中毒威胁的。

（二）没有备用主要通风机，或者两台主要通风机不具有同等能力的；

（三）违反《煤矿安全规程》规定采用串联通风的；

【解读】

本条是指不符合《煤矿安全规程》第一百五十条规定，存在下列情形之一的：

（1）采煤工作面之间串联通风的。

（2）开采有瓦斯喷出、突出危险的煤层或者在距离突出煤层垂距小于 10 m 的区域掘进施工时，掘进工作面与其他工作面之间串联通风的。

（3）采区内为构成新区段通风系统的掘进巷道或者采煤工作面遇地质构造而重新掘进的巷道，布置独立通风有困难时，其回风可串入采煤工作面，除此之外将掘进工作面和采煤工作面串联通风的。

（4）串联通风次数超过 1 次的。

（四）未按照设计形成通风系统，或者生产水平和采（盘）区未实现分区通风的；

【解读】

1. 本条中"未按照设计形成通风系统"，是指矿井或采区设计的通风系统还未形成，就违规进行巷道掘进或者采煤等采掘作业的，或者未经批准对设计作出重大变更的。

2. 本条中"未实现分区通风"，是指生产水平或者采（盘）区未实现并联通风，一个采（盘）区的回风串到另一个生产或准备采（盘）区的（符合《煤矿安全规程》第一百四十八条情形的除外）。示意图如图 2 所示。

图 2a～图 2d 所示为 4 种常见的采区分区通风情形；图 2e、图 2f 所示为 2 种常见的未实现采区分区通风情形。

3. 当重新确定采（盘）区名称后，可确认为分区通风的，不判定为重大事故隐患。如，双翼开采采区，当上下分为两个采区时，一采区和二采区未实现分区通风，但当两个采区合成一个采区时（采掘工作面个数符合《煤矿安全规程》规定），则不再有未实现分区通风的问题。如果采掘工作面个数不符合《煤矿安全规程》规定，执行第四条第（四）项。示意图如图3所示。

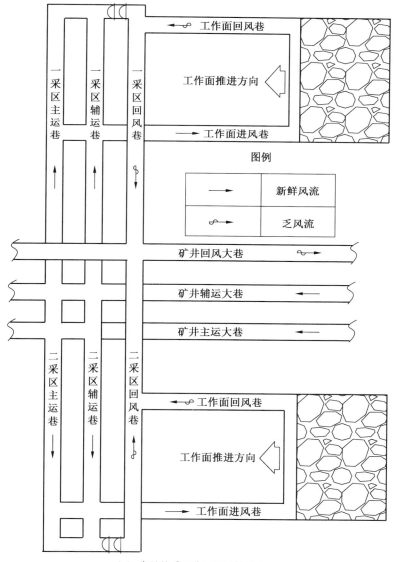

（a）常见的采区分区通风情形之一

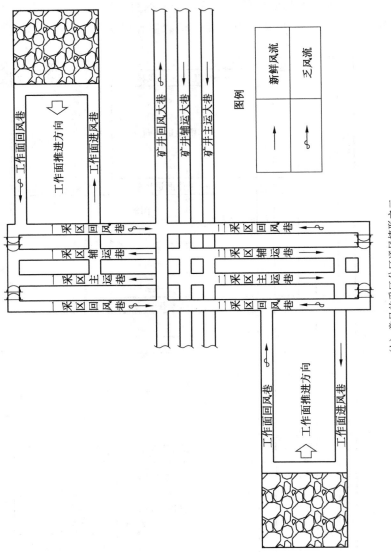

（b）常见的采区分区通风情形之二

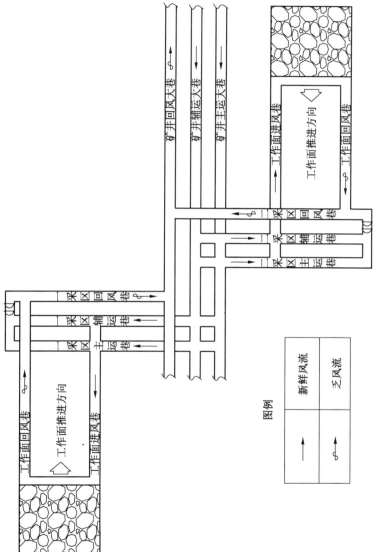

（c）常见的采区分区通风情形之三

图例

新鲜风流	乏风流
→	↝

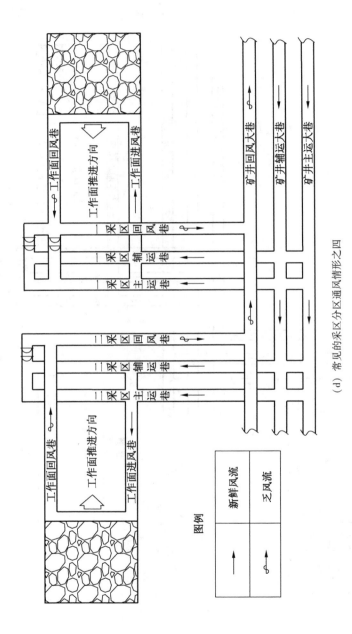

（d）常见的采区分区通风情形之四

图例

新鲜风流	→
乏风流	↝

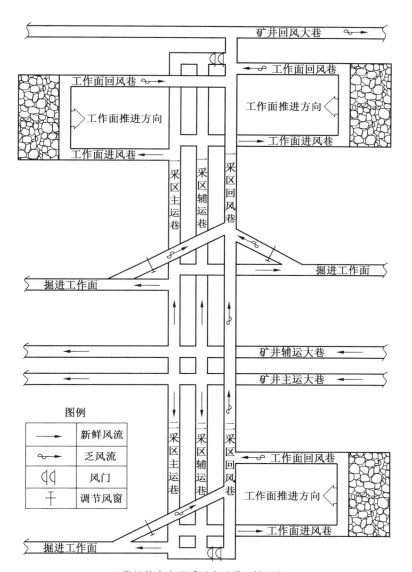

矿井回风大巷

工作面回风巷

工作面回风巷

工作面推进方向

工作面推进方向

工作面进风巷

工作面进风巷

采区主运巷

采区辅运巷

采区回风巷

掘进工作面

掘进工作面

矿井辅运大巷

矿井主运大巷

图例

	新鲜风流
	乏风流
	风门
	调节风窗

二采区主运巷

二采区辅运巷

二采区回风巷

工作面回风巷

工作面推进方向

工作面进风巷

掘进工作面

(e) 常见的未实现采区分区通风情形之一

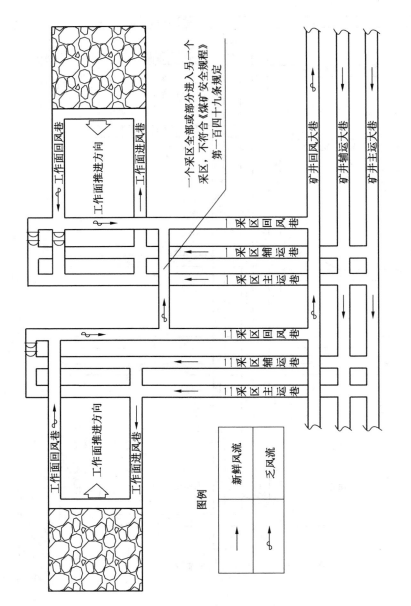

（f）常见的未实现采区分区通风情形之二

图2 采区分区和未分区通风情形示意图

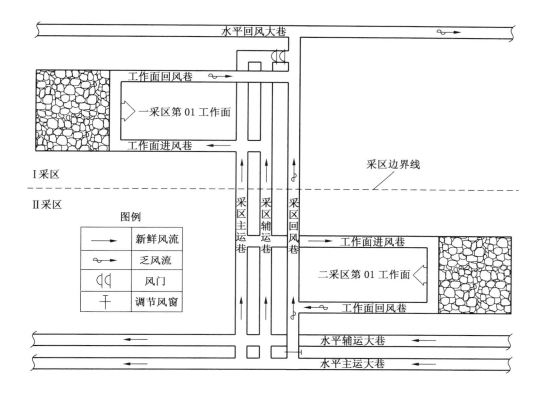

图3　因采区划分问题导致的未实现分区通风示意图

（五）高瓦斯、煤与瓦斯突出矿井的任一采（盘）区，开采容易自燃煤层、低瓦斯矿井开采煤层群和分层开采采用联合布置的采（盘）区，未设置专用回风巷，或者突出煤层工作面没有独立的回风系统的；

【解读】

1. 本条中"未设置专用回风巷"，是指未按照《煤矿安全规程》有关规定设置专门用于回风的巷道的，或者在专用回风巷内运料、安设电气设备的，或者在煤（岩）与瓦斯（二氧化碳）突出区的专用回风巷内行人的（在突出危险区停止爆破、采掘作业、施工顺层预抽钻孔的情况下，短期内进入专用回风巷检查、维修或实施瓦斯抽采工程的除外）。

2. 本条中"没有独立的回风系统"，是指违反《防治煤与瓦斯突出细则》第三十一条有关规定，存在下列情形之一的：

（1）准备采区时，突出煤层掘进巷道的回风经过有人作业的其他采区回风巷的。

（2）突出煤层双巷掘进工作面同时作业的。

（3）突出煤层区域预测为危险区域的采掘工作面，其进入专用回风巷前的回风切断其他采掘作业地点唯一安全出口的。

（六）进、回风井之间和主要进、回风巷之间联络巷中的风墙、风门不符合《煤矿安全规程》规定，造成风流短路的；

【解读】

本条中"不符合《煤矿安全规程》规定"，是指违反《煤矿安全规程》第一百四十四条有关规定，进、回风井之间和主要进、回风巷之间的每条联络巷中，未砌筑永久性风墙，需要使用联络巷的，未安设 2 道联锁的正向风门和 2 道反向风门（含具有同等作用的风门）的，或者联锁失效、风门不能自动关闭的。

（七）采区进、回风巷未贯穿整个采区，或者虽贯穿整个采区但一段进风、一段回风，或者采用倾斜长壁布置，大巷未超前至少 2 个区段构成通风系统即开掘其他巷道的；

【解读】

1. 本条中"采区进、回风巷贯穿整个采区"，是指采区进、回风上（下）山必须贯穿整个采区，并构成通风系统后，方可开掘其他巷道（采区进风上山布置到与采区最上一个区段工作面的进风巷道和采区回风上山连接，可以不到采区上部边界）。

下山采区未形成完整的通风、排水等生产系统前，严禁掘进回采巷道。

2. 本条中"一段进风、一段回风"，是指同一条采区上（下）山或倾斜长壁式开采的同一条盘区大巷，用风门或者挡风墙隔成两段，一段为采掘工作面的进风，另一段为采掘工作面的回风的情形，如图 4 所示。

3. 本条中"大巷未超前至少 2 个区段构成通风系统即开掘其他巷道"，是指违反《煤矿安全规程》第一百四十九条有关规定，采用倾斜长壁布置时，大巷未超前至少 2 个区段（大巷已掘至盘区边界，不具备超前 2 个区段条件的除外），并构成通风系统，开掘其他巷道的情形。

图 5 所示为至少超前 2 个区段的情形。

（八）煤巷、半煤岩巷和有瓦斯涌出的岩巷掘进未按照国家规定装备甲烷

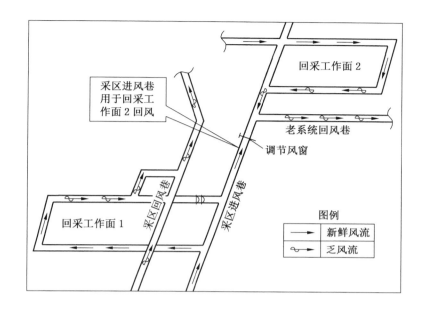

图 4　某矿采区通风系统图

电、风电闭锁装置或者有关装置不能正常使用的；

【解读】

1. 本条中"煤巷、半煤岩巷和有瓦斯涌出的岩巷掘进未按照国家规定装备甲烷电、风电闭锁装置"，是指存在以下情形之一的：

（1）违反《煤矿安全规程》第一百六十四条有关规定，局部通风机未实行风电闭锁和甲烷电闭锁，停风后不能切断电源的，或者使用 2 台局部通风机同时供风，未同时实现风电闭锁和甲烷电闭锁的。

（2）违反《煤矿安全规程》第四百九十九条有关规定，煤巷、半煤岩巷和有瓦斯涌出的岩巷掘进工作面及其回风流中，高瓦斯和突出矿井的掘进巷道长度大于 1000 m 时巷道中部未安装甲烷传感器或者未实现甲烷电闭锁功能的。

2. 本条中"有关装置不能正常使用"，是指传感器或者闭锁装置不能正常运行或者不起作用，如甲烷浓度达到断电值，或正常工作的局部通风机停止运转停风后，不能立即自动切断电源并闭锁的，或者在切断电源期间，断电范围内电气设备仍能人工送上电的。

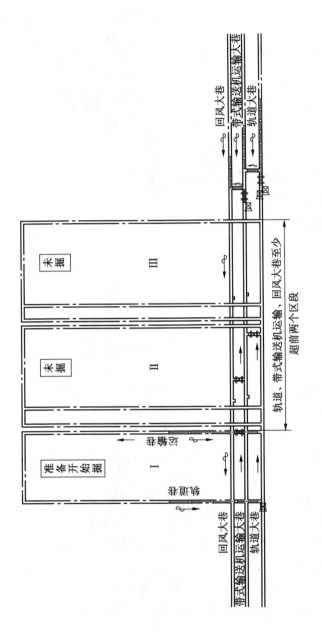

图 5　倾斜长壁采煤工作面布置图

（九）高瓦斯、煤（岩）与瓦斯（二氧化碳）突出矿井的煤巷、半煤岩巷和有瓦斯涌出的岩巷掘进工作面采用局部通风时，不能实现双风机、双电源且自动切换的；

（十）高瓦斯、煤（岩）与瓦斯（二氧化碳）突出建设矿井进入二期工程前，其他建设矿井进入三期工程前，没有形成地面主要通风机供风的全风压通风系统的。

【解读】

本条中"二期工程、三期工程"的界定，执行《煤矿建设安全规范》有关规定：

一期工程：从施工井筒（平硐）开始到井底车场施工前的全部井下工程。

二期工程：从施工井底车场开始，到进入采（盘）区车场施工前的工程，包括井底车场、石门、主要运输大巷、回风大巷、中央变电所、水泵房、水仓、井底煤仓、炸药库等。

三期工程：从施工采（盘）区车场开始到整个采（盘）区布置的工程，包括采（盘）区车场、采区上下山（盘区大巷）、采（盘）区变电所、采煤工作面、工作面进回风、开切眼、采区水仓、运煤通道等。

井工煤矿建设各工期示意如图 6 所示。

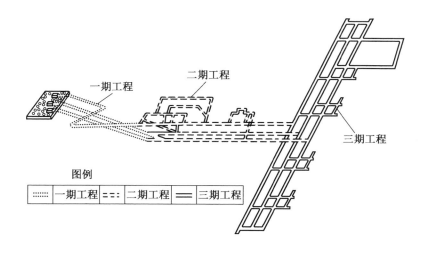

图 6　井工煤矿建设各工期示意图

第九条 "有严重水患，未采取有效措施"重大事故隐患，是指有下列情形之一的：

（一）未查明矿井水文地质条件和井田范围内采空区、废弃老窑积水等情况而组织生产建设的；

【解读】

1. 本条中"未查明矿井水文地质条件"，是指存在下列情形之一的：

（1）未进行井田水文地质勘探，或者未查明矿井充水水源、导水通道及充水强度，不能满足矿井防治水工程设计或安全生产建设要求。

（2）矿井水文地质条件发生较大变化，突水水源、突水量与勘探报告差别较大，或出现新的含（导）水构造，矿井水文地质类型进一步复杂化，原有勘探成果资料难以满足生产建设需要，未进行矿井水文地质补充勘探。

（3）未查明井田主要含水层富水性，地下水补、径、排等水文地质条件。

（4）没有按《煤矿防治水细则》要求编制矿井水文地质类型划分报告，或者故意降低矿井水文地质类型级别的。

2. 本条中"未查明井田范围内采空区、废弃老窑积水等情况"，是指存在下列情形之一的：

（1）未查明井田范围内采空区、废弃老窑的积水位置、范围、水压、积水量，或者未在矿井充水性图、采掘工程平面图上标明积水线、探水线、警戒线的。

（2）采空区、废弃老窑范围不清、积水情况不明的区域，未进行综合探查，或者未编制矿井老空水害评价报告，或者未对受采空区积水影响的煤层编制分区管理设计并划分可采区、缓采区和禁采区的。

（二）水文地质类型复杂、极复杂的矿井未设置专门的防治水机构、未配备专门的探放水作业队伍，或者未配齐专用探放水设备的；

【解读】

1. 本条中"专门的防治水机构"，是指配备了专职防治水专业技术人员的防治水工作机构，该机构可为独立机构，也可与矿属地测部门合署办公。

2. 本条中"专门的探放水作业队伍"，是指该队伍中有持有《中华人民共和国特种作业操作证》的探放水特种作业人员。探放水工作仅允许该队伍施工，在非探放水期间允许该队伍承担其他施工作业。

3. 本条中"专用探放水设备"，是指专用的探放水钻机及配套设备。探放水工作仅允许使用专用探放水设备，在非探放水期间允许专用探放水设备用于其他工程。

（三）在需要探放水的区域进行采掘作业未按照国家规定进行探放水的；

【解读】

本条是指违反《煤矿安全规程》第三百一十七条有关规定，采掘工作面遇有下列情况之一，未进行探放水的：

（1）接近水淹或者可能积水的井巷、老空区或者相邻煤矿时。

（2）接近含水层、导水断层、溶洞和导水陷落柱时。

（3）打开隔离煤柱放水时。

（4）接近可能与河流、湖泊、水库、蓄水池、水井等相通的导水通道时。

（5）接近有出水可能的钻孔时。

（6）接近水文地质条件不清的区域时。

（7）接近有积水的灌浆区时。

（8）接近其他可能突（透）水的区域时。

"接近"是指采掘工作面达到探水线位置。探水线根据水头值高低、煤（岩）层厚度和强度等参数计算确定。

（四）未按照国家规定留设或者擅自开采（破坏）各种防隔水煤（岩）柱的；

【解读】

1. 本条中"未按照国家规定留设"，是指存在下列情形之一的：

（1）未按照《煤矿防治水细则》第九十一条、第九十二条有关规定，以下位置未留设防隔水煤（岩）柱的：①相邻矿井的分界处；②煤层露头风化带；③在地表水体、含水冲积层下或者水淹区域邻近地带；④与富水性强的含水层间存在水力联系的断层、裂缝带或者强导水断层接触的煤层；⑤有大量积水的老空；⑥导水、充水的陷落柱、岩溶洞穴或者地下暗河；⑦分区隔离开采边界；⑧受保护的观测孔、注浆孔和电缆孔等。

（2）防隔水煤（岩）柱的尺寸不符合《煤矿防治水细则》附录六要求，或者小于 20 m 的。

2. 本条中"擅自开采（破坏）各种防隔水煤（岩）柱"，是指违反《煤矿防治水细则》第九十四条有关规定，随意变动或者在防隔水煤（岩）柱中进行采掘活动的（当地质、水文条件发生变化，经探查分析，可缩小防隔水煤（岩）柱尺寸、提高开采上限的，进行了可行性研究和工程验证，组织有关专家论证评价，并经煤矿上级企业主要负责人审批的除外），或者以"探巷"等名义进入或在采掘活动中损坏防隔水煤（岩）柱的。

（五）有突（透、溃）水征兆未撤出井下所有受水患威胁地点人员的；

（六）受地表水倒灌威胁的矿井在强降雨天气或其来水上游发生洪水期间未实施停产撤人的；

【解读】

1. 本条中"受地表水倒灌"，是指矿井井口或者其他导水通道（如与井下连通的地裂缝、废弃井筒等）标高低于历年最高洪水位，可能导致降水灌入井下的。

2. 本条中"强降雨"，一般是指暴雨及以上等级的降雨。其标准也可由各地区煤矿安全监管部门确定。

（七）建设矿井进入三期工程前，未按照设计建成永久排水系统，或者生产矿井延深到设计水平时，未建成防、排水系统而违规开拓掘进的；

【解读】

本条中"永久排水系统"和"延深到设计水平的防、排水系统"是指《矿井初步设计》《延深水平设计》中设计的正规排水系统，其水仓容积、水泵、排水管数量和排水能力及配套系统必须符合《煤矿安全规程》和《煤矿防治水细则》的规定。

（八）矿井主要排水系统水泵排水能力、管路和水仓容量不符合《煤矿安全规程》规定的；

【解读】

1. 本条中"主要排水系统水泵排水能力不符合《煤矿安全规程》规定"，是指不符合《煤矿安全规程》第三百一十一条有关规定，工作水泵的能力不能在 20 h 内排出矿井 24 h 的正常涌水量（包括充填水及其他用水）的，或者备用水泵的能力小于工作水泵能力的 70% 的，或者检修水泵的能力小于工作水泵能力的 25% 的，或者工作和备用水泵的总能力，不能在 20 h 内排出矿井 24 h 的最大涌水量的。

2. 本条中"主要排水系统排水管路不符合《煤矿安全规程》规定"，是指不符合《煤矿安全规程》第三百一十一条有关规定，工作排水管路的能力不能配合工作水泵在 20 h 内排出矿井 24 h 的正常涌水量的，或者工作和备用排水管路的总能力，不能配合工作和备用水泵在 20 h 内排出矿井 24 h 的最大涌水量的。

3. 本条中"主要排水系统水仓容量不符合《煤矿安全规程》规定"，是指不符合《煤矿安全规程》第三百一十三条有关规定，新建、改扩建矿井或者生产矿井的新水平，正常涌水量在 1000 m³/h 以下时，主要水仓的有效容量不能容纳 8 h 的正常涌水量的，或者正常涌水量大于 1000 m³/h 的矿井，主要水仓有效容量不足的，计算方式如下：

$$V = 2(Q + 3000)$$

式中　V——主要水仓的有效容量，m³；

　　　Q——矿井每小时的正常涌水量，m³。

（九）开采地表水体、老空水淹区域或者强含水层下急倾斜煤层，未按照国家规定消除水患威胁的。

【解读】

本条中"未按照国家规定消除水患威胁的"是指，违反《煤矿安全规程》《煤矿防治水细则》有关规定，未采用地表水体迁移（或改道）、疏干老空水、注浆改造（或截流）等措施改变其水文地质性质、消除水患威胁的。

第十条　"超层越界开采"重大事故隐患，是指有下列情形之一的：

（一）超出采矿许可证载明的开采煤层层位或者标高进行开采的；

（二）超出采矿许可证载明的坐标控制范围进行开采的；

（三）擅自开采（破坏）安全煤柱的。

【解读】

本条中"擅自开采（破坏）"，是指未经正规设计、安全论证和审批，探巷及采掘工程直接进入安全煤柱，或以其他形式对安全煤柱造成损坏的。

第十一条　"有冲击地压危险，未采取有效措施"重大事故隐患，是指有下列情形之一的：

（一）未按照国家规定进行煤层（岩层）冲击倾向性鉴定，或者开采有冲击倾向性煤层未进行冲击危险性评价，或者开采冲击地压煤层，未进行采区、采掘工作面冲击危险性评价的；

【解读】

本条中"未按照国家规定进行煤层（岩层）冲击倾向性鉴定"，是指存在下列情况之一，而未按照《防治煤矿冲击地压细则》第十条有关规定未进行煤层（岩层）冲击倾向性鉴定的：

（1）矿井发生过冲击地压的。

（2）埋深超过400 m的煤层，且煤层上方100 m范围内存在单层厚度超过10 m、单轴抗压强度大于60 MPa的坚硬岩层。

（3）相邻矿井开采的同一煤层发生过冲击地压或经鉴定为冲击地压煤层的。

（4）冲击地压矿井开采新水平、新煤层。

（二）有冲击地压危险的矿井未设置专门的防冲机构、未配备专业人员或者未编制专门设计的；

【解读】

1. 本条中"专门的防冲机构"，是指设置的机构配有专职负责冲击地压的专业人员，该机构可为独立机构，也可同矿属其他机构、部门合署办公。

2. 本条中"未编制专门设计"，是指违反《煤矿安全规程》第二百二十九条有关规定，新建矿井和冲击地压矿井的新水平、新采区、新煤层有冲击地压危险，未编制防冲设计的。

（三）未进行冲击地压危险性预测，或者未进行防冲措施效果检验以及防冲措施效果检验不达标仍组织生产建设的；

【解读】

1. 本条中"未进行冲击地压危险性预测"，是指违反《防治煤矿冲击地压细则》第四十四条有关规定，冲击地压矿井未进行区域危险性预测和局部危险性预测，即未对矿井、水平、煤层、采（盘）区进行冲击危险性评价，划分冲击地压危险区域和确定危险等级；未对采掘工作面和巷道进行冲击危险性评价，划分冲击地压危险区域和确定危险等级的。

2. 本条中"未进行防冲措施效果检验以及防冲措施效果检验不达标仍组织生产建设"，是指违反《煤矿安全规程》第二百四十一条、《防治煤矿冲击地压细则》第五十四条有关规定，冲击地压危险区域、冲击地压危险工作面实施解危措施后，未对解危效果进行检验，或者检验结果大于临界值，仍进行采掘作业的。

（四）开采冲击地压煤层时，违规开采孤岛煤柱，采掘工作面位置、间距不符合国家规定，或者开采顺序不合理、采掘速度不符合国家规定、违反国家规定布置巷道或者留设煤（岩）柱造成应力集中的；

【解读】

1. 本条中"违规开采孤岛煤柱"，是指违反《煤矿安全规程》第二百三十一条、《防治煤矿冲击地压细则》第三十二条有关规定，冲击地压煤层开采孤岛煤柱（图7）前，煤矿企业未组织专家进行防冲安全开采论证，或论证结果为不能保障安全开采，仍进行采掘作业的；严重冲击地压矿井开采孤岛煤柱的。

2. 本条中"采掘工作面位置、间距不符合国家规定"，是指违反《防治煤矿冲击地压细则》第二十七条有关规定，开采冲击地压煤层时，在应力集中区内布置2个工作面同时进行采掘作业的；2个掘进工作面之间的距离小于150 m时（图8），采煤工作面与掘进工作面之间的距离小于350 m时（图9），2个采煤工作面之间的距离小于500 m时（图10），未停止其中一个工作面，确保2个回采工作面之间、回采工作面与掘进工作面之间、2个掘进工作面之间留有足够的间距的。

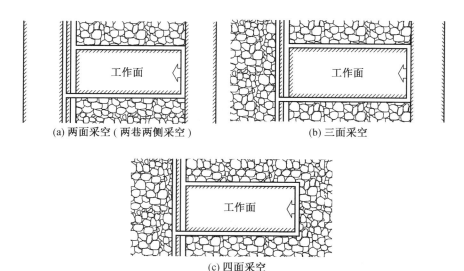

(a) 两面采空（两巷两侧采空）　　　　(b) 三面采空

(c) 四面采空

图7　孤岛工作面（煤柱）示意图

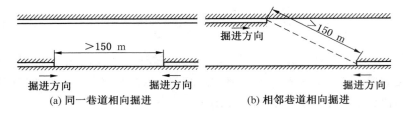

(a) 同一巷道相向掘进 　　　　(b) 相邻巷道相向掘进

图 8　冲击地压危险煤层掘进工作面距离要求

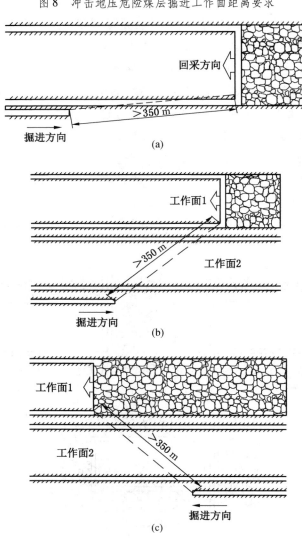

(a)

(b)

(c)

图 9　冲击地压危险煤层采掘工作面距离要求

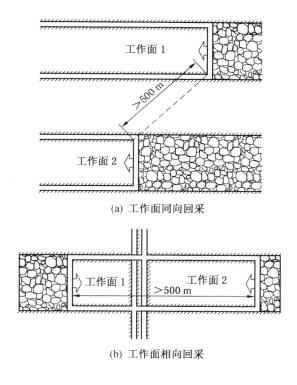

(a) 工作面同向回采

(b) 工作面相向回采

图 10　冲击地压危险煤层回采工作面距离要求

3. 本条中"开采顺序不合理、违反国家规定留设煤（岩）柱"，是指违反《煤矿安全规程》第二百三十一条有关规定，冲击地压煤层未严格按顺序开采，留设孤岛煤柱的，或者采空区内留有煤柱的（特殊情况下，经安全性论证，由企业技术负责人审批留有煤柱，并将煤柱的位置、尺寸以及影响范围标在采掘工程平面图上的除外）。

4. 本条中"采掘速度不符合国家规定"，是指采掘工作面推进速度超过了冲击地压矿井根据《防治煤矿冲击地压细则》第二十五条规定确定的安全推进速度。

5. 本条中"违反国家规定布置巷道"，是指违反《防治煤矿冲击地压细则》第二十八条有关规定，开拓巷道布置在严重冲击地压煤层中的（不具备重新布置条件，进行安全性论证的除外）；永久硐室布置在冲击地压煤层中的（不具备重新布置条件，进行安全性论证的除外）。

（五）未制定或者未严格执行冲击地压危险区域人员准入制度的。

【解读】

本条中"未严格执行冲击地压危险区域人员准入制度的"，是指未严格执行冲击危险区限员管理制度，冲击地压煤层的掘进工作面 200 m 范围内进入人员超过 9 人的（掘进巷道不足 200 m 时，自巷道回风流与全风压风流混合处以里超过 9 人的）；回采工作面及两巷超前支护范围内进入人员生产班超过 16 人、检修班超过 40 人的。

第十二条 "自然发火严重，未采取有效措施"重大事故隐患，是指有下列情形之一的：

（一）开采容易自燃和自燃煤层的矿井，未编制防灭火专项设计或者未采取综合防灭火措施的；

（二）高瓦斯矿井采用放顶煤采煤法不能有效防治煤层自然发火的；

【解读】

本条中"不能有效防治煤层自然发火的"，是指违反《煤矿安全规程》第一百一十五条有关规定，存在下列情形之一的：

（1）高瓦斯矿井的容易自燃煤层，采取综合抽采瓦斯措施和综合防灭火措施后，本煤层瓦斯含量大于 $6 \mathrm{~m}^3/\mathrm{t}$，或者不能有效防范煤层自然发火的。

（2）放顶煤开采后有可能沟通火区的。

（三）有自然发火征兆没有采取相应的安全防范措施继续生产建设的；

（四）违反《煤矿安全规程》规定启封火区的。

【解读】

本条是指存在下列情形之一的：

（1）违反《煤矿安全规程》第二百七十九条有关规定，未经取样化验证实火区同时具备下列条件，确认火已熄灭前启封或注销封闭火区的：①火区内的空气温度下降到 30 ℃ 以下，或者与火灾发生前该区的日常空气温度相同；②火区内空气中的氧气浓度降到 5.0% 以下；③火区内空气中不含有乙烯、乙炔，一氧化碳浓度在封闭期间内逐渐下降，并稳定在 0.001% 以下；④火区的出水温度低于 25 ℃，或者与火灾发生前该区的日常出水温度相同；⑤上述 4 项指标持续稳定 1 个月以上。

（2）违反《煤矿安全规程》第二百八十条有关规定，存在以下情形的：

①启封已熄灭的火区前，未制定安全措施的；②启封火区时，未做到逐段恢复通风，未同时测定回风流中一氧化碳、甲烷浓度和风流温度的，或者发现复燃征兆时，未立即停止向火区送风，并重新封闭火区的；③启封火区和恢复火区初期通风时，未全部撤出火区回风风流所经过巷道中的人员的。

第十三条 "使用明令禁止使用或者淘汰的设备、工艺"重大事故隐患，是指有下列情形之一的：

（一）使用被列入国家禁止井工煤矿使用的设备及工艺目录的产品或者工艺的；

【解读】

本条是指违反《煤矿安全规程》第十条有关规定，使用国家明令禁止使用或淘汰的危及生产安全和可能产生职业病危害的技术、工艺、材料和设备的。

被列入国家禁止使用或淘汰的设备及工艺目录的产品或工艺执行下列目录：

（1）《关于发布〈禁止井工煤矿使用的设备及工艺目录（第一批）〉的通知》（安监总规划〔2006〕146号）。

（2）《关于发布〈禁止井工煤矿使用的设备及工艺目录（第二批）〉的通知》（安监总煤装〔2008〕49号）。

（3）《关于发布〈禁止井工煤矿使用的设备及工艺目录（第三批）〉的通知》（安监总煤装〔2011〕17号）。

（4）《关于发布〈禁止井工煤矿使用的设备及工艺目录（第四批）〉的通知》（煤安监技装〔2018〕39号）（使用排气标准在国Ⅱ及以下的防爆柴油机的，暂不作为重大事故隐患）。

（5）《关于印发淘汰落后安全技术装备目录（2015年第一批）的通知》（安监总科技〔2015〕75号）。

（6）《关于印发淘汰落后安全技术工艺、设备目录（2016年）的通知》（安监总科技〔2016〕137号）。

（二）井下电气设备、电缆未取得煤矿矿用产品安全标志的；

【解读】

本条中"电缆"是指动力电缆。

（三）井下电气设备选型与矿井瓦斯等级不符，或者采（盘）区内防爆型电气设备存在失爆，或者井下使用非防爆无轨胶轮车的；

【解读】

1. 本条中"井下电气设备选型与矿井瓦斯等级不符"，是指违反《煤矿安全规程》第四百四十一条有关规定的：井下电气设备选型要求详见表7。

表7 井下电气设备选型

设备类别	突出矿井和瓦斯喷出区域	高瓦斯矿井、低瓦斯矿井				
		井底车场、中央变电所、总进风巷和主要进风巷		翻车机硐室	采区进风巷	总回风巷、主要回风巷、采区回风巷、采掘工作面和工作面进、回风巷
		低瓦斯矿井	高瓦斯矿井			
1. 高低压电机和电气设备	矿用防爆型（增安型除外）	矿用一般型	矿用一般型	矿用防爆型	矿用防爆型	矿用防爆型（增安型除外）
2. 照明灯具	矿用防爆型（增安型除外）	矿用一般型	矿用防爆型	矿用防爆型	矿用防爆型	矿用防爆型（增安型除外）
3. 通信、自动控制的仪表、仪器	矿用防爆型（增安型除外）	矿用一般型	矿用防爆型	矿用防爆型	矿用防爆型	矿用防爆型（增安型除外）

注：1. 使用架线电机车运输的巷道中及沿巷道的机电设备硐室内可以采用矿用一般型电气设备（包括照明灯具、通信、自动控制的仪表、仪器）。

2. 突出矿井底车场的主泵房内，可以使用矿用增安型电动机。

3. 突出矿井应当采用本安型矿灯。

4. 远距离传输的监测监控、通信信号应当采用本安型，动力载波信号除外。

5. 在爆炸性环境中使用的设备应当采用 EPL Ma 保护级别。非煤矿专用的便携式电气测量仪表，必须在甲烷浓度 1.0% 以下的地点使用，并实时监测使用环境的甲烷浓度。

2. 本条中"防爆型电气设备存在失爆"，是指使用中的防爆型电气设备失去耐爆性能或不传爆性能，或者电缆接线存在"鸡爪子""羊尾巴""明接头"、破皮露芯线等情形的。

（四）未按照矿井瓦斯等级选用相应的煤矿许用炸药和雷管、未使用专用发爆器，或者裸露爆破的；

（五）采煤工作面不能保证 2 个畅通的安全出口的；

【解读】

本条是指违反《煤矿安全规程》第九十七条有关规定，采煤工作面只布置一个安全出口的，或者虽有 2 个安全出口，但行人无法通过的；或者虽有 2 个安全出口，但未做到一个通到进风巷道，另一个通到回风巷道的。

（六）高瓦斯矿井、煤与瓦斯突出矿井、开采容易自燃和自燃煤层（薄煤层除外）矿井，采煤工作面采用前进式采煤方法的。

第十四条 "煤矿没有双回路供电系统"重大事故隐患，是指有下列情形之一的：

（一）单回路供电的；

【解读】

本条是指违反《煤矿安全规程》第四百三十六条有关规定，矿井采用单回路供电的。区域内不具备两回路供电条件，经安全生产许可证的发放部门审查批准采用单回路供电，且有备用电源、备用电源的容量满足通风、排水、提升等要求，并保证主要通风机等在 10 min 内可靠启动和运行的除外。

（二）有两回路电源线路但取自一个区域变电所同一母线段的；

（三）进入二期工程的高瓦斯、煤与瓦斯突出、水文地质类型为复杂和极复杂的建设矿井，以及进入三期工程的其他建设矿井，未形成两回路供电的。

第十五条 "新建煤矿边建设边生产，煤矿改扩建期间，在改扩建的区域生产，或者在其他区域的生产超出安全设施设计规定的范围和规模"重大事故隐患，是指有下列情形之一的：

（一）建设项目安全设施设计未经审查批准，或者审查批准后作出重大变更未经再次审查批准擅自组织施工的；

【解读】

本条中"审查批准后作出重大变更未经再次审查批准"，是指煤矿建设项目违反《煤矿建设项目安全设施监察规定》第二十二条规定，对已批准的煤矿建设项目安全设施设计作出重大变更，未经原审查机构审查同意的。

（二）新建煤矿在建设期间组织采煤的（经批准的联合试运转除外）；

（三）改扩建矿井在改扩建区域生产的；

（四）改扩建矿井在非改扩建区域超出设计规定范围和规模生产的。

第十六条 "煤矿实行整体承包生产经营后，未重新取得或者及时变更安全生产许可证而从事生产，或者承包方再次转包，以及将井下采掘工作面和井巷维

修作业进行劳务承包"重大事故隐患,是指有下列情形之一的:

(一)煤矿未采取整体承包形式进行发包,或者将煤矿整体发包给不具有法人资格或者未取得合法有效营业执照的单位或者个人的;

【解读】

本条中"未采取整体承包形式进行发包",是指违反《煤矿整体托管安全管理办法(试行)》第三条有关规定,煤矿托管未采取整体托管方式,违规将采掘工作面或者井巷维修作业作为独立工程对外承包的。

整体托管应涵盖所有井下生产系统和地面调度室、安全监控室、提升机房、变电所、通风机房、压风机房、瓦斯抽放泵站等为煤炭生产直接服务的地面生产系统,以及所有生产活动。

(二)实行整体承包的煤矿,未签订安全生产管理协议,或者未按照国家规定约定双方安全生产管理职责而进行生产的;

(三)实行整体承包的煤矿,未重新取得或者变更安全生产许可证进行生产的;

(四)实行整体承包的煤矿,承包方再次将煤矿转包给其他单位或者个人的;

(五)井工煤矿将井下采掘作业或者井巷维修作业(井筒及井下新水平延深的井底车场、主运输、主通风、主排水、主要机电硐室开拓工程除外)作为独立工程发包给其他企业或者个人的,以及转包井下新水平延深开拓工程的。

【解读】

1. 本条中"转包井下新水平延深开拓工程",是指承包井筒及井下新水平延深的井底车场、主运输(含煤仓)、主通风、主排水、主要机电硐室开拓工程后又转包的。

煤矿水平延深可独立承包的施工区域如图11所示。

2. 本条重大事故隐患情形,不包括按照《关于进一步加强煤矿建设项目安全管理的通知》有关规定,通过招投标方式,由具备相应资质的施工单位承担的煤矿建设项目施工。

第十七条 "煤矿改制期间,未明确安全生产责任人和安全管理机构,或者在完成改制后,未重新取得或者变更采矿许可证、安全生产许可证和营业执照"重大事故隐患,是指有下列情形之一的:

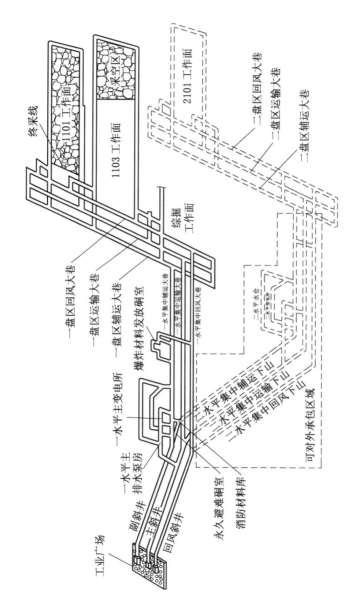

图 11 煤矿水平延深可独立承包的施工区域示意图

（一）改制期间，未明确安全生产责任人进行生产建设的；

（二）改制期间，未健全安全生产管理机构和配备安全管理人员进行生产建设的；

（三）完成改制后，未重新取得或者变更采矿许可证、安全生产许可证、营业执照而进行生产建设的。

第十八条 "其他重大事故隐患"，是指有下列情形之一的：

（一）未分别配备专职的矿长、总工程师和分管安全、生产、机电的副矿长，以及负责采煤、掘进、机电运输、通风、地测、防治水工作的专业技术人员的；

【解读】

本条中"负责采煤、掘进、机电运输、通风、地测、防治水工作的专业技术人员"，是指应分别配备，分别负责全矿井相应的技术管理，每个专业至少有1名专业技术人员，某一专业只有1名专业技术人员的，不得兼职其他专业。

（二）未按照国家规定足额提取或者未按照国家规定范围使用安全生产费用的；

【解读】

1. 本条中"未按照国家规定足额提取"，是指未按照《企业安全生产费用提取和使用管理办法》第五条规定的安全费用提取标准执行的。各类煤矿吨煤安全费用提取标准为：煤（岩）与瓦斯（二氧化碳）突出矿井、高瓦斯矿井吨煤30元，其他井工煤矿吨煤15元，露天煤矿吨煤5元。

2. 本条中"未按照国家规定范围使用"，是指违反《企业安全生产费用提取和使用管理办法》第十七条有关规定，未按照下列范围使用的：

（1）煤与瓦斯突出及高瓦斯矿井落实"两个四位一体"综合防突措施支出，包括瓦斯区域预抽、保护层开采区域防突措施、开展突出区域和局部预测、实施局部补充防突措施、更新改造防突设备和设施、建立突出防治实验室等支出。

（2）煤矿安全生产改造和重大隐患治理支出，包括"一通三防"（通风，防瓦斯、防煤尘、防灭火）、防治水、供电、运输等系统设备改造和灾害治理工程，实施煤矿机械化改造，实施矿压（冲击地压）、热害、露天矿边坡治理、采空区治理等支出。

（3）完善煤矿井下安全监控、人员位置监测、紧急避险、压风自救、供水施救和通信联络安全避险"六大系统"支出，应急救援技术装备、设施配置和维护保养支出，事故逃生和紧急避难设施设备的配置和应急演练支出。

（4）开展重大危险源和事故隐患评估、监控和整改支出。

（5）安全生产检查、评价（不包括新建、改建、扩建项目安全评价）、咨询、标准化建设支出。

（6）配备和更新现场作业人员安全防护用品支出。

（7）安全生产宣传、教育、培训支出。

（8）安全生产适用新技术、新工艺、新标准、新装备的推广应用支出。

（9）安全设施及特种设备检测检验支出。

（10）其他与安全生产直接相关的支出。

（三）未按照国家规定进行瓦斯等级鉴定，或者瓦斯等级鉴定弄虚作假的；

【解读】

本条是指违反《煤矿安全规程》第一百七十条、《防治煤与瓦斯突出细则》第十一条和第二十六条规定，存在以下情形的：

（1）低瓦斯矿井未按规定每两年进行瓦斯等级鉴定的。

（2）高瓦斯、煤与瓦斯突出矿井未按规定每年测定和计算矿井、采区、工作面瓦斯涌出量的。

（3）高瓦斯矿井未测定可采煤层瓦斯含量、瓦斯压力和抽采半径等参数的。

（4）突出鉴定为非突出煤层时，未在鉴定报告中明确划定鉴定范围，或者当采掘工程超出鉴定范围时，未测定瓦斯压力、瓦斯含量的，或者在开拓新水平或采深增加超过 50 m 时，未重新进行突出煤层危险性鉴定的。

（5）突出矿井开采的非突出煤层和高瓦斯矿井的开采煤层，在延深达到或者超过 50 m 或者开拓新采区时，未测定瓦斯压力和瓦斯含量的。

（6）瓦斯等级鉴定弄虚作假，造成数据不实降低等级的。

（四）出现瓦斯动力现象，或者相邻矿井开采的同一煤层发生了突出事故，或者被鉴定、认定为突出煤层的，以及煤层瓦斯压力达到或者超过 0.74 MPa 的非突出矿井，未立即按照突出煤层管理并在国家规定期限内进行突出危险性鉴定的（直接认定为突出矿井的除外）；

（五）图纸作假、隐瞒采掘工作面，提供虚假信息、隐瞒下井人数，或者矿长、总工程师（技术负责人）履行安全生产岗位责任制及管理制度时伪造记录，弄虚作假的；

【解读】

1. 本条中"图纸作假、隐瞒采掘工作面",是指以逃避监管监察为目的,虚假绘制工作面进度、隐瞒工作面的(包括安全监控系统、人员位置监测系统图纸作假)。

2. 本条中"提供虚假信息、隐瞒下井人数",是指提供虚假人员位置监测信息,企图掩盖入井人员超限的。

3. 本条中"矿长、总工程师(技术负责人)履行安全生产岗位责任制及管理制度时伪造记录,弄虚作假的",是指矿长、总工程师(技术负责人)在履职过程中故意伪造记录,在虚假报表、台账、报告等资料上签字的。

(六)矿井未安装安全监控系统、人员位置监测系统或者系统不能正常运行,以及对系统数据进行修改、删除及屏蔽,或者煤与瓦斯突出矿井存在第七条第二项情形的;

【解读】

1. 本条中"系统不能正常运行",是指安全监控系统、人员位置监测系统因故障不能发挥应有监控、监测作用,未及时处理故障,且未按照《煤矿安全规程》第四百九十二条第三款要求采用人工监测等补救安全措施,并填写故障记录的。

2. 本条中"煤与瓦斯突出矿井存在第七条第二项情形",是指煤与瓦斯突出矿井未按照国家规定安设、调校甲烷传感器,人为造成甲烷传感器失效,或者瓦斯超限后不能报警、断电或者断电范围不符合国家规定的。

(七)提升(运送)人员的提升机未按照《煤矿安全规程》规定安装保护装置,或者保护装置失效,或者超员运行的;

【解读】

本条中"提升机未按照《煤矿安全规程》规定安装保护装置,或者保护装置失效",是指包括立井和斜井提升人员的提升机,未按照《煤矿安全规程》第四百二十三条有关规定安装以下保护装置的:

(1)过卷和过放保护:当提升容器超过正常终端停止位置或者出车平台0.5 m时(倾斜井巷使用提升机或者绞车提升时,井巷上端的过卷距离,应当根据巷道倾角、设计载荷、最大提升速度和实际制动力等参量计算确定,并有1.5倍的备用系数),必须能自动断电,且使制动器实施安全制动。

（2）超速保护：当提升速度超过最大速度 15% 时，必须能自动断电，且使制动器实施安全制动。

（3）过负荷和欠电压保护。

（4）限速保护：提升速度超过 3 m/s 的提升机应当装设限速保护，以保证提升容器或者平衡锤到达终端位置时的速度不超过 2 m/s。当减速段速度超过设定值的 10% 时，必须能自动断电，且使制动器实施安全制动。

（5）提升容器位置指示保护：当位置指示失效时，能自动断电，且使制动器实施安全制动。

（6）闸瓦间隙保护：当闸瓦间隙超过规定值时，能报警并闭锁下次开车。

（7）松绳保护：缠绕式提升机应当设置松绳保护装置并接入安全回路或者报警回路。

（8）减速功能保护：当提升容器或者平衡锤到达设计减速点时，能示警并开始减速。

（9）错向运行保护：当发生错向时，能自动断电，且使制动器实施安全制动。

（八）带式输送机的输送带入井前未经过第三方阻燃和抗静电性能试验，或者试验不合格入井，或者输送带防打滑、跑偏、堆煤等保护装置或者温度、烟雾监测装置失效的；

【解读】

本条中"输送带防打滑、跑偏、堆煤等保护装置或温度、烟雾监测装置失效"，是指任一条带式输送机输送带的防打滑、跑偏、堆煤保护装置和温度、烟雾监测装置 5 项装置中有 1 项未安装，或有 1 项整体失效的。

煤矿直接购买经过第三方阻燃和抗静电性能试验并取得检验合格报告的输送带，入井前可不进行试验。

2021 年 1 月 1 日前已入井的未经过第三方阻燃和抗静电性能试验的输送带，经取样补充进行了第三方阻燃和抗静电性能试验且试验合格的，不作为重大事故隐患。

（九）掘进工作面后部巷道或者独头巷道维修（着火点、高温点处理）时，维修（处理）点以里继续掘进或者有人员进入，或者采掘工作面未按照国家规定安设压风、供水、通信线路及装置的；

【解读】

本条中"采掘工作面未按照国家规定安设压风、供水、通信线路及装置",是指违反《煤矿安全规程》第六百九十一条、第五百零七条有关规定,存在下列条款情形之一的:

(1) 突出与冲击地压煤层,未在距采掘工作面 25～40 m 的巷道内、回风巷有人作业处至少设置 1 组压风自救装置;其他矿井掘进工作面未敷设压风管路并设置供气阀门的。

(2) 采掘工作面未安设供水管路的。

(3) 采掘工作面及突出煤层采掘工作面附近,未安设直通矿调度室的有线调度电话。

(十) 露天煤矿边坡角大于设计最大值,或者边坡发生严重变形未及时采取措施进行治理的;

【解读】

本条中"严重变形",是指边坡出现较大裂缝(30 cm 以上)、平盘大面积滑落、垮塌或者平盘明显底鼓等情形的。

(十一) 国家矿山安全监察机构认定的其他重大事故隐患。

【解读】

在执行过程中,各地矿山安全监管部门和监察机构认为有必要补充的重大事故隐患,应报送国家矿山安全监察局统一批准、按程序发布。

第十九条 本标准所称的国家规定,是指有关法律、行政法规、部门规章、国家标准、行业标准,以及国务院及其应急管理部门、国家矿山安全监察机构依法制定的行政规范性文件。

第二十条 本标准自 2021 年 1 月 1 日起施行。原国家安全生产监督管理总局 2015 年 12 月 3 日公布的《煤矿重大生产安全事故隐患判定标准》(国家安全生产监督管理总局令第 85 号)同时废止。

《金属非金属矿山重大事故隐患判定标准》解读

为准确判定、及时消除金属非金属矿山重大事故隐患，国家矿山安全监察局制定印发了《金属非金属矿山重大事故隐患判定标准》（矿安〔2022〕88号，以下简称《判定标准》），列举了金属非金属地下矿山、金属非金属露天矿山和尾矿库64种应当判定为重大事故隐患的情形。为进一步明确《判定标准》有关情形的内涵及依据，便于各级非煤矿山安全监管监察部门和非煤矿山企业应用，规范《判定标准》有效执行，现对《判定标准》条款含义进行解释说明。

一、金属非金属地下矿山重大事故隐患解读

（一）安全出口存在下列情形之一的：

1. 矿井直达地面的独立安全出口少于2个，或者与设计不一致；

【解读】

直达地面的安全出口型式有竖井、斜井、斜坡道和平硐（平巷）或其组合。《金属非金属矿山安全规程》（GB 16423—2020）第6.1.1.1条规定：每个矿井至少应有两个相互独立、间距不小于30 m、直达地面的安全出口。

两个安全出口必须均能独自到达地面，且相互之间不能串联衔接；"安全出口与设计不一致"是指矿山实际的安全出口数量少于已批准的安全设施设计。存在本款情形即判定为重大事故隐患。

2. 矿井只有两个独立直达地面的安全出口且安全出口的间距小于30米，或者矿体一翼走向长度超过1000米且未在此翼设置安全出口；

【解读】

《金属非金属矿山安全规程》第6.1.1.1条规定：每个矿井至少应有两个相互独立、间距不小于30 m、直达地面的安全出口；矿体一翼走向长度超过1000 m时，此翼应有安全出口。

矿体一翼距离安全出口或安全出口的联络巷(如石门巷道)太长，如图1-1

所示，生产中一旦出现大面积矿岩垮塌导致中间全部线路阻断时，则会导致端部人员无法逃离。但应注意，此处并非要求沿走向长度每超过1000米就应设有一个直达地面的安全出口，而是要求在端部设置一个安全出口即可（有设计要求时应按设计设置）。此处的安全出口可以是直达地面的，也可以是通过其他中段连通此翼直达地面的。

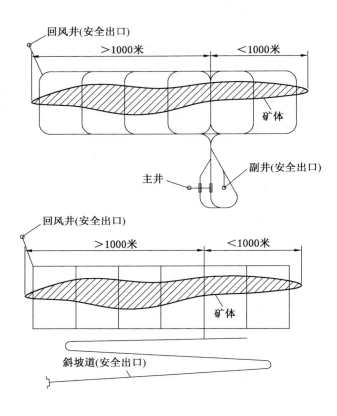

图1-1 矿体一翼超过1000米的安全出口设置示意图

3. 矿井的全部安全出口均为竖井且竖井内均未设置梯子间，或者作为主要安全出口的罐笼提升井只有1套提升系统且未设梯子间；

【解读】

《金属非金属矿山安全规程》第6.1.1.3条规定：作为主要安全出口的罐笼提升井，应装备2套相互独立的提升系统，或装备1套提升系统并设置梯子间。当矿井的安全出口均为竖井时，至少有一条竖井中应装备梯子间。

"主要安全出口"是指矿山井下人员日常工作时使用的安全出口。矿山直达地面的安全出口全部为竖井时，如果所有井筒内均未设置梯子间，一旦发生电力中断或机械故障难以短时恢复提升时，则会导致井下人员无法自行疏散、撤离，因此应保证至少有一个井筒内设置梯子间。但并非要求所有竖井均应设置梯子间。两套独立的提升系统或 1 套提升系统设置梯子间，可提高安全出口的可靠性，避免将人员困在井下或罐笼中。因此，存在本款情形即判定为重大事故隐患。

4. 主要生产中段（水平）、单个采区、盘区或者矿块的安全出口少于 2 个，或者未与通往地面的安全出口相通；

【解读】

《金属非金属矿山安全规程》第 6.1.1.1 条规定：每个生产水平或中段至少应有两个便于行人的安全出口，并应同通往地面的安全出口相通。第 6.3.1.4 条规定：每个采区或者盘区、矿块均应有两个便于行人的安全出口，并与通往地面的安全出口相通。

"主要生产中段（水平）"是指进行运输、出矿、凿岩、充填和回风管理等作业的水平。"采区"是指阶段或开采水平内划分的具有独立生产系统的开采块段。"盘区"是指按回采工艺要求由若干矿块组成的独立回采区段。"矿块"是指在阶段中每隔一定距离，对矿体划分的最小独立回采单元，矿块内可完成掘进、爆破、装矿、运输、卸矿等回采工序。存在本款情形即判定为重大事故隐患。

5. 安全出口出现堵塞或者其梯子、踏步等设施不能正常使用，导致安全出口不畅通。

【解读】

《金属非金属矿山安全规程》第 6.1.1.1 条规定：安全出口应定期检查，保证其处于良好状态。

地下矿山井下环境湿度大，还经常受到回采爆破振动、地压影响。因此，安全出口内的设施可能会受到不同程度的破坏。当梯子、踏步破坏程度达到无法行人时，则视为安全出口不畅通。存在本款情形即判定为重大事故隐患。

（二）使用国家明令禁止使用的设备、材料或者工艺。

【解读】

国家明令禁止使用的设备、材料或者工艺包括：《国家安全监管总局关于发布金属非金属矿山禁止使用的设备及工艺目录（第一批）的通知》（安监总管一〔2013〕101 号）、《国家安全监管总局关于发布金属非金属矿山禁止使用的设备及工艺目录（第二批）的通知》（安监总管一〔2015〕13 号），以及国家标准、行业标准和应急管理部、国家矿山安全监察局制定的行政规范性文件规定的严禁金属非金属地下矿山使用的设备、材料或者工艺。存在本条情形即判定为重大事故隐患。

（三）不同矿权主体的相邻矿山井巷相互贯通，或者同一矿权主体相邻独立生产系统的井巷擅自贯通。

【解读】

"矿权主体"是指矿山项目的建设单位。不同矿权主体的两座或多座矿山属于不同的生产管理单位，相互贯通后会造成通风系统紊乱、入井人员难以有序管理、作业区相互干扰等风险，一旦发生火灾、突水事故，可能蔓延至相邻矿山。同一矿权主体相邻独立生产系统的井巷，没有经过整体设计，且未经有关部门批准而擅自贯通，可能导致两个生产系统的通风系统紊乱，引发炮烟中毒和火灾事故。因此，存在本条情形即判定为重大事故隐患。

（四）地下矿山现状图纸存在下列情形之一的：

1. 未保存《金属非金属矿山安全规程》（GB 16423—2020）第 4.1.10 条规定的图纸，或者生产矿山每 3 个月、基建矿山每 1 个月未更新上述图纸；

【解读】

《金属非金属矿山安全规程》第 4.1.10 条规定，地下矿山应保存相关图纸，并根据实际情况的变化及时更新：矿区地形地质图、水文地质图（含平面和剖面）；开拓系统图；中段平面图；通风系统图；井上、井下对照图；压风、供水、排水系统图；通信系统图；供配电系统图；井下避灾路线图；相邻采区或矿山与本矿山空间位置关系图。

《国家矿山安全监察局关于印发〈关于加强非煤矿山安全生产工作的指导意见〉的通知》（矿安〔2022〕4 号）第（十四）条规定：基建金属非金属地下矿山必须按照批准的安全设施设计建设，严禁以采代建；必须有与实际相符的纸质现状图，其中开拓系统图，中段平面图，通风系统图，井上、井下对照图，压风、供水、排水系统图，供配电系统图，井下避灾路线图等，至少每月更新一次并由主要负责人签字确认。生产金属非金属地下矿山应当按照《金属非金属矿山安全规程》规定的图纸目录，绘制与现场实际相符的纸质现状图，且至少每3个月更新一次并由主要负责人签字确认。

对于金属非金属地下矿山，通过相关图纸可以全面掌握其工程布置、设备及人员的分布情况，一是方便指导矿山日常生产工作，二是有利于在事故发生后开展救援工作时提供准确详细的资料。因此，上述图纸如未完整保存，或生产矿山每3个月、基建矿山每1个月没有更新由其主要负责人签字确认且与实际情况相符的纸质版图纸，即判定为重大事故隐患。

2. 岩体移动范围内的地面建构筑物、运输道路及沟谷河流与实际不符；
【解读】

"岩体移动范围"是指已批准的安全设施设计中圈定的岩体移动范围。井上、井下对照图中可显示地表移动范围、地面建构筑物、运输道路、沟谷河流等相关信息。如果图纸中显示的地表各类设施与实际位置不符或图中缺失相关信息，则无法准确判断矿山生产对地表设施的影响程度，可能导致地表建构筑物出现破坏，也可能导致地表的水体涌入井下引发淹井事故。因此，存在本款情形即判定为重大事故隐患。

3. 开拓工程和采准工程的井巷或者井下采区与实际不符；
【解读】

"开拓工程"是指从地表掘进的一系列通达矿体的井巷工程，以形成提升、运输、通风、排水、供水、压风、供电等完整系统。"采准工程"是指在完成开拓工程的基础上，掘进的一系列井巷，可将阶段划分为矿块，并获得采准矿量。开拓工程、采准工程和采区的布置图是井下开展生产工作的重要依据，是发生事故后开展精准救援工作的基础，也是判断矿山工程布置是否满足安全要求的重要资料。"井下采区与实际不符"包括采区的位置和数量与实际不符。因此，存在本款情形即判定为重大事故隐患。

4. 相邻矿山采区位置关系与实际不符；
【解读】

《金属非金属矿山安全规程》第4.1.10条规定，地下矿山应保存的图纸中应正确标记：采空区和已充填采空区、废弃井巷和计划开采的采场的位置、名称与尺寸。

"相邻矿山"是指两者距离较近的矿山。相邻矿山生产可能会相互影响，特别是爆破振动和开采引起的岩层移动。矿山之间的位置关系，特别是采区之间的相互位置关系，是协调相邻矿山之间安全生产的重要依据。因此，存在本款情形即判定为重大事故隐患。

5. 采空区和废弃井巷的位置、处理方式、现状，以及地表塌陷区的位置与实际不符。

【解读】

《金属非金属矿山安全规程》第4.1.10条规定，地下矿山应保存的图纸中应正确标记：采空区及废弃井巷的处理方式、进度、现状及地表塌陷区的位置。

采空区和废弃井巷的现状主要包括大小、形态、稳定状况、积水情况等。采空区、废弃井巷相关信息和地表塌陷区位置，对矿山后续安全生产影响较大，如果图纸内容与实际不符，则生产过程中无法准确判断相关风险，极易导致事故发生。例如采空区大面积坍塌破坏引起井下空气冲击波或振动，可能造成工程、设备的破坏和人员伤亡；空区积水突然涌出，可能引发淹井事故。因此，存在本款情形即判定为重大事故隐患。

（五）露天转地下开采存在下列情形之一的：

1. 未按设计采取防排水措施；

【解读】

《金属非金属矿山安全规程》第6.1.2条规定：露天开采转地下开采时，应考虑露天边坡稳定性以及可能产生的泥石流对地下开采的影响。地下开采时的矿山排水设计应考虑露天坑汇水影响。

露天转地下开采时，由于上部露天坑的汇水对井下开采影响较大，设计防排水方案时会根据规程要求和矿山面临的诸多风险因素，全面考虑露天和地下防排水系统的能力，因此，严格按照设计方案进行建设可有效避免井下生产发生水灾事故。如果矿山未按设计采取防排水措施，导致排水能力不足，即判定为重大事故隐患。

2. 露天与地下联合开采时，回采顺序与设计不符；

【解读】

《金属非金属矿山安全规程》第6.1.3.1条规定：露天与地下同时开采时，应合理安排露天与地下各采区的回采顺序，避免相互影响。

"回采顺序"是指露天和地下回采区域之间空间位置关系的时序安排。露天和地下同时生产时，如果回采顺序不合理，露天和地下之间相互影响，则会增加露天和地下生产的安全风险。例如地下开采时的爆破和采空区会造成地表露天边坡失稳，对露天坑内设备和人员造成威胁；露天开采的爆破和大型设备运行同样会造成地下采场、井巷工程发生冒顶、片帮等风险。因此，存在本款情形即判定为重大事故隐患。

3. 未按设计采取留设安全顶柱或者岩石垫层等防护措施。

【解读】

露天转地下开采时，地下开采可以选择的采矿方法有崩落法、充填法和空场法。如果选择崩落法，则井下矿岩会持续崩落直至贯通露天坑底及边帮，生产时会造成露天坑边坡的垮塌，为避免边坡破坏后矿岩对地下工程的冲击，设计时会考虑在井下作业面上部留有一定的岩石松散垫层。如果选择充填法或空场法，井下爆破振动和露天边坡长时间缺少维护，也可能导致大规模坍塌。为保证井下生产安全，设计时应在露天坑底预留一定厚度的矿岩顶柱。此外，安全顶柱或者岩石垫层还具有阻止或延缓露天坑内积水快速渗入井下、避免发生淹井事故的作用。因此，存在本款情形即判定为重大事故隐患。

（六）矿区及其附近的地表水或者大气降水危及井下安全时，未按设计采取防治水措施。

【解读】

《金属非金属矿山安全规程》第6.8.2.5条规定：矿区及其附近的地表水或大气降水有可能危及井下安全时，应根据具体情况采取设防洪堤、截水沟、封闭溶洞或报废的矿井和钻孔、留设防水矿柱等防范措施。

"地表水或者大气降水"主要是指矿区周边存在湖泊、水库、溪流、河流或季节性洪水。对江河、湖海等大型水体，应将河流改道或留矿柱，避免水体与井下发生直接水力联系。对小水库、灌渠、沼泽等中小型水体，除矿体上部覆盖层很厚、隔水性能好，水体与井下无直接联系外，一般在生产前应排干。对洪水、雨水、冰雪融化水等季节性水体，应设置截（排）洪沟，拦截和导出地表水体至塌陷区之外。因此，存在本条情形即判定为重大事故隐患。

（七）井下主要排水系统存在下列情形之一的：

1. 排水泵数量少于3台，或者工作水泵、备用水泵的额定排水能力低于设计要求；

【解读】

《金属非金属矿山安全规程》第6.8.4.3条规定：井下主要排水设备应包括工作水泵、备用水泵和检修水泵。工作水泵应能在20 h内排出一昼夜正常涌水量；工作水泵和备用水泵应能在20 h内排出一昼夜的设计最大排水量。备用水泵能力不小于工作水泵能力的50%；检修水泵能力不小于工作水泵能力的25%。只设3台水泵时，水泵型号应相同。

"额定排水能力"是指水泵铭牌上标示的排水能力。井下主要排水系统的水泵最少要求配置3台，其中包括1用1备1检修，主要目的是保证排水设备在正常和设计最大排水工况条件下排水能力的可靠性。如果工作水泵、备用水泵的额定能力低于设计要求，则存在淹井的风险。因此，存在本款情形即判定为重大事故隐患。

2. 井巷中未按设计设置工作和备用排水管路，或者排水管路与水泵未有效连接；

【解读】

《金属非金属矿山安全规程》第6.8.4.4条规定：应设工作排水管路和备用排水管路。水泵出口应直接与工作排水管路和备用排水管路连接。

"有效连接"是指任何水泵（包括工作、备用和检修水泵）均应与全部管路（包括工作和备用排水管路）连通。设置备用排水管路的目的是避免工作排水管路出现故障导致排水系统能力下降。因此，存在本款情形即判定为重大事故隐患。

3. 井下最低中段的主水泵房通往中段巷道的出口未装设防水门，或者另外一个出口未高于水泵房地面7米以上；

【解读】

《金属非金属矿山安全规程》第6.8.4.2条规定：井下最低中段的主水泵房出口不少于两个；一个通往中段巷道并装设防水门；另一个在水泵房地面7 m以

上与安全出口连通，或者直接通达上一水平。

井下涌水量超过排水系统的最大能力时，关闭主水泵房通往中段巷道出口内的防水门，可以保护水泵房内的排水设施正常工作。当主水泵房通往中段巷道的出口内无法设置防水门时，允许将防水门设置在中段巷道内，防水门的位置应位于水仓入口和主水泵房通往中段巷道的出口之间。另一个出口应高于水泵房地面7米以上并与通达地表的安全出口连通，或直接通达上一水平，否则，视为无效安全出口。因此，存在本款情形即判定为重大事故隐患。

4. 利用采空区或者其他废弃巷道作为水仓。

【解读】

《国家矿山安全监察局关于印发〈关于加强非煤矿山安全生产工作的指导意见〉的通知》第（五）条第4款规定：金属非金属地下矿山应当建立完善的防排水系统，严禁以废弃巷道、采空区等充作水仓。

采空区和废弃巷道本身安全性较差，随时存在坍塌和冒顶的风险，作为水仓则无法保证排水系统的可靠性。因此，存在本款情形即判定为重大事故隐患。

（八）井口标高未达到当地历史最高洪水位1米以上，且未按设计采取相应防护措施。

【解读】

《金属非金属矿山安全规程》第6.8.2.3条规定：矿井（竖井、斜井、平硐等）井口的标高应高于当地历史最高洪水位1 m以上。

当井口的原始地形标高不能满足高于当地历史最高洪水位1米以上的要求时，可采取的防护措施包括设置防洪堤、拦水坝和修筑人工岛等。如果井口标高未达到历史最高洪水位1米以上，且未按设计采取相应防护措施的即判定为重大事故隐患。

（九）水文地质类型为中等或者复杂的矿井，存在下列情形之一的：

1. 未配备防治水专业技术人员；

【解读】

《金属非金属地下矿山防治水安全技术规范》（AQ 2061—2018）第4.3条规定：水文地质条件中等矿山应成立相应防治水机构，配置防治水专业技术人员，配备防治水及抢险救灾设备，建立探放水队伍。水文地质条件复杂矿山应设立专门防治水机构，配置专职防治水专业技术人员，建立专业探放水队伍，配备相应的防排水设施、配齐专用探水装备和防治水抢险救灾设备。

防治水专业技术人员应具有地质或水文地质类专业背景，能对矿山水文地质情况进行准确掌握和判断，并在此基础上系统地采取有效防治措施。否则，极易发生重大安全事故。因此，存在本款情形即判定为重大事故隐患。

2. 未设置防治水机构，或者未建立探放水队伍；

【解读】

防治水机构和探放水队伍，是矿山有效实施防治水工作的人员和组织保障，否则制定的防治水安全措施将无法得到高质量实施，矿山的防治水工作仍有可能出现重大缺陷。因此，存在本款情形即判定为重大事故隐患。

3. 未配齐专用探放水设备，或者未按设计进行探放水作业。

【解读】

"专用探放水设备"主要包括专用的探放水钻机、孔口管和控制阀门等。探放水设备是矿山有效实施防治水工作的设备保障。探放水设计是探放水工作开展的主要依据，探放水作业应严格按照设计执行。矿山未编制探放水设计，专用探放水设备数量不满足探放水设计要求，或者矿山未按照探放水设计进行探放水作业，即判定为重大事故隐患。

（十）水文地质类型复杂的矿山存在下列情形之一的：

1. 关键巷道防水门设置与设计不符；

【解读】

《金属非金属矿山安全规程》第6.8.3.3条规定：水文地质条件复杂的矿山应在关键巷道内设置防水门，防止水泵房、中央变电所和竖井等井下关键设施被淹。防水门压力等级应高于其承受的静压且高于一个中段高度的水压。

"关键巷道"是指安装防水门后能够控制井下涌水流向水仓、主井、副井、马头门和车场等区域的巷道。安装并关闭防水门后可以控制井下涌水流入水仓的速度和水量。

水文地质条件复杂的矿山，仅靠水泵的机械排水能力不能完全保证矿山的安全。在关键巷道内设置的防水门应位于水仓进水口及需要保护的竖井等井下关键设施之外，当井下短时间最大涌水量超过排水系统的最大能力时，防水门可以保证排水系统和竖井等井下关键设施的安全。因此，关键巷道内设置的防水门位置与设计不符，或者防水门的数量和设防压力低于设计要求，即判定为重大事故隐患。

2. 主要排水系统的水仓与水泵房之间的隔墙或者配水阀未按设计设置。

【解读】

《金属非金属矿山安全规程》第 6.8.3.3 条规定：矿山井下最低中段的主水泵房和变电所的进口应装设防水门，防水门压力等级不低于 0.1 MPa。水仓与水泵房之间应隔开，隔墙、水仓与配水井之间的配水阀的压力等级应与防水门相同。

水仓与水泵房之间的隔墙或者配水阀可以控制由水仓进入水泵房吸水井的水流速度，防止进入吸水井的水流速度超过水泵的排水能力，避免排水系统破坏引发淹井事故。根据《金属非金属矿山安全规程》要求，隔墙和配水阀的压力等级不应小于水泵房出口内防水门的压力等级。矿山未按设计设置隔墙或配水阀，或者压力等级低于设计要求，即判定为重大事故隐患。

（十一）在突水威胁区域或者可疑区域进行采掘作业，存在下列情形之一的：

1. 未编制防治水技术方案，或者未在施工前制定专门的施工安全技术措施；

【解读】

《金属非金属矿山安全规程》第 6.1.4.4 条规定：在强含水层及高水压地层中作业应编制防治水技术方案；施工前应制定专门的施工安全技术措施。

"突水威胁区域或者可疑区域"主要是指接近水淹或可能积水的井巷、采空区或者邻近其他矿山的区域；接近含水层、导水断层、暗河、溶洞和导水陷落柱的区域；接近可能与河流、湖泊、水库、水池、水井等相通的断层带的区域；接近有出水可能的老钻孔的区域；接近水文地质条件复杂的区域；采掘破坏影响范围内有承压含水层或含水构造、矿床与含水层之间的防隔水矿（岩）柱厚度不清楚可能发生突水的区域。

"防治水技术方案"应包括水文地质条件、防治水工程的具体布置、防治水工程与其他矿山工程实施的时序要求等内容。"施工安全技术措施"主要包括"三专两探一撤"措施，即配备防治水专业技术人员、建立专门探放水队伍、配齐专用探放水设备，采用物探、钻探等方法进行探放水，且在遇到重大险情时必须立即停产撤人。当预测施工作业有可能穿过水患地层时，如未事先编制好防治水技术方案、制定施工安全技术措施，则可能产生较大突水风险甚至造成人员伤亡。因此，存在本款情形即判定为重大事故隐患。

2. 未超前探放水，或者超前钻孔的数量、深度低于设计要求，或者超前钻孔方位不符合设计要求。

【解读】

《金属非金属矿山安全规程》第 6.1.4.4 条规定：在强含水层及高水压地层中作业应边探边掘，打钻孔超前探水，每次钻孔数量不少于 4 个；钻孔深度在竖井中不小于 40 m，在平巷中不小于 10 m。

在突水威胁区域或者可疑区域进行采掘作业，必须打超前钻孔探水，保证作业面安全。保证超前钻孔的数量、方位和深度满足设计要求的主要目的是全面探清掘进面前方的含水层情况，并预留采取处理措施的空间。因此，存在本款情形即判定为重大事故隐患。

（十二）受地表水倒灌威胁的矿井在强降雨天气或者其来水上游发生洪水期间，未实施停产撤人。

【解读】

"受地表水倒灌威胁的矿井"主要是指靠近地表河流、山洪部位、水库或地表沉降、开裂、塌陷易导致地表水进入井巷和采空区的矿井。强降雨在气象学上一般被称为"暴雨"，气象部门有相应的等级划分：①1 小时内的雨量为 16 毫米或以上的雨；②24 小时内的雨量为 50 毫米或以上的雨。

生产或基建地下矿山生产中遇到本条情形时，发生淹井困人的风险极大，如果不实施停产撤人，极易造成人员伤亡。因此，存在本条情形即判定为重大事故隐患。

（十三）有自然发火危险的矿山，存在下列情形之一的：

1. 未安装井下环境监测系统，实现自动监测与报警；

【解读】

《金属非金属矿山安全规程》第 6.9.2.1 条规定：有自然发火危险的矿山应设井下环境监测系统，实现连续自动监测与报警。

"自然发火"是指有自燃倾向性的矿石被开采破碎后在常温下与空气接触，

发生氧化，产生热量，使其温度升高，出现发火和冒烟的现象。

金属非金属矿山的自然发火，由于燃烧物一般是硫化物，所以有大量的 H_2S、SO_2 产生，硫化矿石在自热阶段也有 SO_2 产生，因此，SO_2 和 H_2S 浓度可作为监测指标；硫化矿山自热区段涌水的酸性增强，pH 值也可作为硫化矿山火灾的初期征兆指标；矿井空气和岩石温度是鉴别内因火灾最直接、最准确的指标。如果矿山未实施环境监测并实现自动监测与报警，则无法监测矿山发生火灾的前期征兆。因此，存在本款情形即判定为重大事故隐患。

2. 未按设计或者国家标准、行业标准采取防灭火措施；

【解读】

《金属非金属矿山安全规程》第 6.9.2.2 条规定，开采有自然发火危险的矿床应采取以下防火措施：主要运输巷道、总进风道、总回风道，均应布置在无自然发火危险的围岩中，并采取预防性注浆或者其他有效措施；选择合适的采矿方法，合理划分矿块，并采用后退式回采顺序；根据采取防火措施后的矿床最短发火期确定采区开采期限；充填法采矿时，应采用惰性充填材料及时充填采空区；应有灭火的应急预案；采用黄泥或其他物料注浆灭火时应按应急预案规定的钻孔网度、料浆浓度和注浆系数进行；应防止上部中段的水泄漏到采矿场，并防止水管在采场漏水；严密封闭采空区；应清理采场矿石，工作面不应留存坑木等易燃物。

设计或者国家标准、行业标准要求采取的防灭火措施是避免和应对火灾的有效措施。因此，存在本款情形即判定为重大事故隐患。

3. 发现自然发火预兆，未采取有效处理措施。

【解读】

"自然发火预兆"是指井下环境监测系统监测的指标出现异常，系统发出报警的情形。"有效处理措施"主要有阻断通风风流、实施灌浆覆盖、撤出人员等。对于自然发火危险的矿山，进行井下环境监测的目的是提前发现矿山自然发火预兆，以便及时采取有效措施，将火灾消灭在萌芽状态。因此，存在本款情形即判定为重大事故隐患。

（十四）相邻矿山开采岩体移动范围存在交叉重叠等相互影响时，未按设计留设保安矿（岩）柱或者采取其他措施。

【解读】

《国家矿山安全监察局关于印发〈关于加强非煤矿山安全生产工作的指导意见〉的通知》第（五）条第 1 款规定：不同开采主体相邻金属非金属地下矿山之间应当留设不小于 50 m 的保安矿（岩）柱。

"岩体移动范围"是指由于地下空间、原岩应力变化引发的围岩变形、移动及辐射到地表区域的轮廓。"保安矿（岩）柱"是指相邻矿山开采范围之间的矿（岩）柱。"其他措施"主要有搬迁受影响范围内的设施、改变相邻矿山之间的回采顺序等。如果相邻矿山开采岩体移动范围存在相互影响，则井下开采容易引起相邻矿山地表设施的破坏。因此，存在本条情形即判定为重大事故隐患。

（十五）地表设施设置存在下列情形之一，未按设计采取有效安全措施的：

1. 岩体移动范围内存在居民村庄或者重要设备设施；

【解读】

"重要设施"主要是指二级及以上公路、铁路、输电线路等。如果地下矿山开采引起的岩体移动范围内存在居民村庄或其他重要设备设施，则可能会导致房屋坍塌、设备设施破坏。留设保安矿（岩）柱可对不可移动的重要设施进行原地保护。岩体移动范围内存在居民村庄或者重要设备设施且未按设计采取有效安全措施，即判定为重大事故隐患。

2. 主要开拓工程出入口易受地表滑坡、滚石、泥石流等地质灾害影响。

【解读】

《金属非金属矿山安全规程》第 6.3.1.3 条规定：地表主要建构筑物、主要开拓工程入口应布置在不受地表滑坡、滚石、泥石流、雪崩等危险因素影响的安全地带，无法避开时，应采取可靠的安全措施。

矿山主要工程的出入口属于矿山生产的咽喉工程，人员和设备进出较为频繁，一旦发生地质灾害，可能会直接伤害通行的设备和人员，并会导致井下人员被困。当场地受地形限制较大不能充分避开可能的地质灾害影响时，应根据情况采取有效措施，例如进行放坡、加固、修建拦挡墙等，保证矿山生产安全。因此，存在本款情形即判定为重大事故隐患。

（十六）保安矿（岩）柱或者采场矿柱存在下列情形之一的：

1. 未按设计留设矿（岩）柱；

【解读】

"矿（岩）柱"包括保护地表设施的保安矿柱、保证采场稳定的采场间柱和顶底柱、防火矿柱、防水矿柱等。设计留设的矿（岩）柱可保证地表设施和采场作业安全，避免突水、火灾事故发生。因此，矿山生产中未按设计留设矿（岩）柱，或留设的矿（岩）柱位置、尺寸、形状不符合设计要求，即判定为重大事故隐患。

2. 未按设计回采矿柱；

【解读】

《金属非金属矿山安全规程》第 6.3.2.4 条规定：空场法回采矿柱应由原设计单位或专业研究机构研究论证。

设计中留设的矿柱在矿房回采时起着支撑和保护作用，随意开采极有可能造成采场坍塌。因此，矿柱应经设计单位研究论证后，方可按照设计的回采方法和顺序进行回采。否则，即判定为重大事故隐患。

3. 擅自开采、损毁矿（岩）柱。

【解读】

《金属非金属矿山安全规程》第 6.3.1.6 条规定：应严格保持矿柱（含顶柱、底柱和间柱等）的尺寸、形状和直立度；应有专人检查和管理，确保矿柱的稳定性。第 6.3.2.1 条规定：采用全面采矿法、房柱采矿法采矿，未经原设计单位变更设计或专业研究机构的研究并采取安全措施，不得减小矿柱（包括点柱、条柱）尺寸或扩大矿房的尺寸，不得采用人工支柱替代原有矿柱以回采矿柱。第 6.3.2.4 条规定：空场法回采矿柱应由原设计单位或专业研究机构研究论证。第 6.8.3.2 条规定：防治水设计应确定安全矿（岩）柱的尺寸，在设计规定的保留期内不应开采或破坏安全矿（岩）柱。

随意破坏或开采矿柱，极易破坏矿柱保护的对象。因此，存在本款情形即判定为重大事故隐患。

（十七）未按设计要求的处理方式或者时间对采空区进行处理。

【解读】

《金属非金属矿山安全规程》第 6.3.1.5 条规定：采矿设计应提出矿柱回采和采空区处理方案，并制定专门的安全措施。第 6.3.1.15 条规定：采用空场法采矿的矿山，应采取充填、隔离或强制崩落围岩的措施，及时处理采空区。

采用空场法和充填法开采的矿山，如果回采后的采空区不及时处理，采空区长时间在爆破振动、地应力和地下水的作用下，可能会发生不同程度的垮塌或积水，容易造成人员伤亡和财产损失。如果采空区采取的充填、隔离或强制崩落的处理方式、充填体的强度指标、采空区处理的时间安排等与设计不符，即判定为重大事故隐患。

（十八）工程地质类型复杂、有严重地压活动的矿山存在下列情形之一的：

1. 未设置专门机构、配备专门人员负责地压防治工作；

【解读】

《金属非金属矿山安全规程》第6.3.1.14条规定：工程地质复杂、有严重地压活动的矿山，应设立专门机构或专职人员负责地压管理工作，做好现场监测和预测、预报工作。

工程地质类型分为简单、中等和复杂三类，地质勘探报告中会给出具体的类型。"有严重地压活动"是指矿山地应力大、应力集中明显、矿山经常发生顶板冒落坍塌事故、巷道掘进后容易发生变形破坏、矿柱发生失稳甚至岩爆等情形。

工程地质类型复杂和有严重地压活动的矿山，生产中潜在的安全风险较高，设置专门机构和人员负责矿山的地压防治工作，可采取有效预防措施降低安全风险。因此，存在本款情形即判定为重大事故隐患。

2. 未制定防治地压灾害的专门技术措施；

【解读】

《金属非金属矿山安全规程》第6.3.3.3条规定：具有岩爆危害的矿井应制定防治岩爆灾害的专门技术措施。

"防治地压灾害的专门技术措施"包括开展监测、提前泄压、加强支护、调整回采顺序和采矿方法、及时充填采空区等。工程地质类型复杂、有严重地压活动的矿山应结合自身特点制定有效、可操作的技术措施，保证生产安全。否则，即判定为重大事故隐患。

3. 发现大面积地压活动预兆，未立即停止作业、撤出人员。

【解读】

《金属非金属矿山安全规程》第6.3.1.14条规定：工程地质复杂、有严重地压活动的矿山发现大面积地压活动预兆应立即停止作业，将人员撤至安全地点。

"大面积地压活动预兆"主要有围岩发响，顶板断裂声加剧，能够听到清脆声响；采场顶板局部冒落，矿柱及支护变形破坏；邻近采空区的巷道严重变形或遭到破坏。一旦矿山生产中出现大面积地压活动的预兆，则预示着大规模地压事故即将发生，此时附近区域作业人员面临极大安全风险。因此，存在本款情形即判定为重大事故隐患。

（十九）巷道或者采场顶板未按设计采取支护措施。

【解读】

在不稳固岩层中掘进或回采作业时，如果不及时支护，则可能引发冒顶、片帮或坍塌，不仅可能导致井巷和采场损坏，还极有可能造成人员伤亡。因此，当巷道或者采场顶板的支护型式、参数、材料性能等劣于设计要求时，即判定为重大事故隐患。

（二十）矿井未采用机械通风，或者采用机械通风的矿井存在下列情形之一的：

1. 在正常生产情况下，主通风机未连续运转；

【解读】

《金属非金属矿山安全规程》第 6.6.2.1 条规定：地下矿山应采用机械通风。第 6.6.3.1 条规定：正常生产情况下主通风机应连续运转，满足井下生产所需风量。

自然通风风量较小，风流、风量随季节和地表温度变化较大，甚至会出现通风停止的情况；另外，井下发生火灾时，自然通风无法实现反风。正常生产期间如果主通风机停止作业，作业面产生的大量粉尘和炮烟将无法顺利排出地表；对于高温矿井，主通风机停止运行还会导致井下环境温度短时间内急速升高，可能造成重大人员伤亡。因此，存在本款情形即判定为重大事故隐患。

2. 主通风机发生故障或者停机检查时，未立即向调度室和企业主要负责人报告，或者未采取必要安全措施；

【解读】

《金属非金属矿山安全规程》第 6.6.3.1 条规定：当主通风机发生故障或需

要停机检查时，应立即向调度室和矿山企业主要负责人报告，并采取必要措施。

主通风机作为井下通风的主要设备，一旦出现故障或停机检查，则井下的风量和风流会出现较大的变动。因此，主通风机发生故障时应立即向调度室和企业主要负责人报告，以便及时采取调整井下作业安排、尽快组织维修或采取撤离采场作业人员等安全措施，避免发生炮烟中毒事故。否则，即判定为重大事故隐患。

3. 主通风机未按规定配备备用电动机，或者未配备能迅速调换电动机的设备及工具；

【解读】

《金属非金属矿山安全规程》第6.6.3.2条规定：每台主通风机电机均应有备用，并能迅速更换。同一个硐室或风机房内使用多台同型号电机时，可以只备用1台。

通风系统对于井下作业人员的安全至关重要，主通风机的备用电动机可以在主通风机电动机发生故障时尽快更换，保证井下通风安全。当同一个硐室或风机房内使用多台同型号电动机时，可以只备用1台。备用电动机可放置在风机硐室或风机房内，也可放置在地表仓库或井下某个硐室中。迅速更换的设备可以是风机硐室或风机房内安装的固定起吊设施，也可以是可移动的起吊设施。如果备用电动机不在风机硐室或风机房内，还应配备运输工具，并设有可满足电动机运输要求的通道。否则，即判定为重大事故隐患。

4. 作业工作面风速、风量、风质不符合国家标准或者行业标准要求；

【解读】

工作面的风速、风量和风质达不到规定的要求时，井下人员的安全健康得不到有效保障，发生人员中毒窒息事故的概率就会增大；特别是当井下温度较高、风速达不到规定要求时，还易引发井下作业人员中暑。《金属非金属地下矿山通风技术规范通风系统鉴定指标》（AQ 2013.5—2008）第4.1.1条、第4.1.2条、第4.1.3条规定：风量（风速）合格率≥65%，风质合格率≥90%，作业环境空气质量合格率≥60%。当工作面的风速、风量、风质达不到上述要求时，即判定为重大事故隐患。

5. 未设置通风系统在线监测系统的矿井，未按国家标准规定每年对通风系

统进行 1 次检测；

【解读】

《金属非金属矿山安全规程》第 6.6.2.1 条规定：未设置在线监测系统的矿山每年应对通风系统进行 1 次检测，并根据检测结果及时调整通风系统。

地下矿山生产采场的位置会不断发生变化，导致井下通风系统也在动态变化。为保证通风系统的有效性，必须及时根据生产系统变化调整通风系统。未设置通风系统在线监测系统的生产矿井，未按国家标准规定每年对通风系统进行 1 次检测的，即判定为重大事故隐患。

6. 主通风设施不能在 10 分钟之内实现矿井反风，或者反风试验周期超过 1 年。

【解读】

《金属非金属矿山安全规程》第 6.6.3.3 条规定：主通风设施应能使矿井风流在 10 min 内反向，反风量不小于正常运转时风量的 60%。每年应至少进行 1 次反风试验，并测定主要风路的风量。

当井下发生火灾时，如果发生火灾的地点位于进风侧，为避免污风进入有人作业的工作场所造成人员伤亡，此时采用主通风机反风，将烟雾从进风侧排出地表，是这类火灾最佳的处置方法。10 min（从主通风机控制人员接到反风指令时开始计时）内必须完成反向，否则容易导致事态扩大。通风系统是一个动态变化的系统，长期不进行反风试验，反风时则难以达到效果。因此，存在本款情形即判定为重大事故隐患。

（二十一）未配齐或者随身携带具有矿用产品安全标志的便携式气体检测报警仪和自救器，或者从业人员不能正确使用自救器。

【解读】

《金属非金属矿山安全规程》第 6.1.4.9 条规定：进入采掘工作面的每个班组都应携带气体检测仪，随时监测有毒有害气体。第 8.3 条规定：矿山应为入井人员配备额定防护时间不少于 30 min 的隔绝式自救器，入井人员应随身携带。自救器的数量不少于矿山全天入井总人数的 1.1 倍。

便携式气体检测仪应能同时检测二氧化氮、一氧化碳、氧气浓度，并具有报警参数设置、报警功能和矿用产品安全标志。此外，使用中还应按照相关标准定期检定或校准，确保检测数据准确可靠。自救器必须满足 30 min 的额定防护时间。否则，即判定为重大事故隐患。

（二十二）担负提升人员的提升系统，存在下列情形之一的：

1. 提升机、防坠器、钢丝绳、连接装置、提升容器未按国家规定进行定期检测检验，或者提升设备的安全保护装置失效；

【解读】

《金属非金属矿山安全规程》第4.7.5条规定：矿山使用的涉及人身安全的设备应由专业生产单位生产，并经具有专业资质的检测、检验机构检测、检验合格，方可投入使用；矿山生产期间，应定期由具有专业资质的检测、检验机构进行检测、检验，并出具检测、检验报告。

人员提升系统的主要提升设备设施直接涉及人身安全，一旦发生事故，则会造成严重后果。因此，人员提升系统的提升设备（多绳摩擦式提升机、缠绕式提升机、提升绞车、矿用电梯）、防坠器、钢丝绳、连接装置（矿用人车、罐笼连接装置）、提升容器（斜井人车、罐笼）均应按照《金属非金属矿山安全规程》和《金属非金属矿山在用设备设施安全检测检验目录》（AQ/T 2075—2019）的相关规定进行定期检测检验。

提升设备的安全保护装置可实现对提升设备的位置、速度、载荷等提供监测保护和联锁控制，提升设备的主要安全保护装置包括提升机制动系统、过卷保护装置、过速保护装置、罐笼防坠装置、提升机启动与信号闭锁、斜井人车断绳保险器等。提升系统发生故障时，提升设备的安全保护装置可有效保护人员和提升设备设施的安全；如果安全保护装置出现故障或失效，可能引发严重后果。

本判定标准所称的国家规定、国家有关规定，是指有关法律、行政法规、部门规章、国家标准、行业标准，以及国务院及其应急管理部门、国家矿山安全监察机构依法制定的行政规范性文件。

综上所述，存在本款情形即判定为重大事故隐患。

2. 竖井井口和井下各中段马头门设置的安全门或者摇台与提升机未实现联锁；

【解读】

《金属非金属矿山安全规程》第6.4.8.13条规定：提升系统应设摇台工作状态的联锁；井口及各中段安全门未关闭的联锁。

井口和井下各中段马头门设置安全门、摇台与提升机联锁是提升机安全运行的保障，缺少相关联锁保护，则会引发安全事故。当罐笼到达井口或某个中段提升机停止，提升机电控系统锁住提升机，解除对井口或中段井口机械化设备控制系统的联锁，安全门、摇台才可动作。井口机械化设备按设定顺序完成工作复位后，电控系统锁住各中段的井口机械化设备，然后才允许提升机工作。安全门应采用常闭式，当罐笼未停稳时，安全门不得打开。实现联锁可避免提升机工作时人员误入。因此，存在本款情形即判定为重大事故隐患。

3. 竖井提升系统过卷段未按国家规定设置过卷缓冲装置、楔形罐道、过卷挡梁或者不能正常使用，或者提升人员的罐笼提升系统未按国家规定在井架或者井塔的过卷段内设置罐笼防坠装置；

【解读】

《金属非金属矿山安全规程》第 6.4.4.15 条规定：过卷段终端应设置过卷挡梁；发生过卷事故后过卷挡梁应能正常使用。第 6.4.4.16 条规定：竖井提升系统过卷段应设过卷缓冲装置或者楔形罐道，使过卷容器能够平稳地在过卷段内停住；深度大于 800 m 的竖井应设过卷缓冲装置，使过卷容器在缓冲装置内平稳停住，并不再反向下滑或反弹。第 6.4.4.17 条规定：提升人员的罐笼提升系统应在井架或者井塔的过卷段内设置罐笼防坠装置，使罐笼下坠高度不超过 0.5 m。

竖井提升系统分别在井塔（或者井架内）和竖井井底设置过卷段。当竖井提升系统提升容器发生过卷时，过卷段内设置的过卷缓冲装置或楔形罐道用于缓冲、制动提升容器，保护人员和设备设施，防止对提升系统产生更大破坏。对于深度在 800 m 以内的竖井，过卷段内可以设置过卷缓冲装置或楔形罐道，二者任选其一；对于深度大于 800 m 的竖井必须设置过卷缓冲装置，并能有效发挥缓冲制动作用。同时，过卷段的上下终端应设置过卷挡梁来承受过卷提升容器冲击载荷，过卷挡梁应能发挥正常阻挡作用。

提升人员的罐笼提升系统涉及人员安全，为防止罐笼发生断绳事故，提升人员的罐笼提升系统应设置罐笼防坠装置：对于单绳提升罐笼防坠，应在罐笼上设置断绳防坠器（木罐道防坠器、制动绳防坠器）；对于多绳提升罐笼防坠，应在井架或者井塔的过卷段内设置罐笼防坠装置，可以采用带有防坠功能的过卷缓冲装置来实现，也可以采用其他方式来实现罐笼防坠。

综上所述，存在本款情形即判定为重大事故隐患。

4. 斜井串车提升系统未按国家规定设置常闭式防跑车装置、阻车器、挡车栏，或者连接链、连接插销不符合国家规定；

【解读】

《金属非金属矿山安全规程》第 6.4.1.4 条规定：车辆的连接装置不得自行脱钩。第 6.4.2.7 条规定：斜井串车提升系统应设常闭式防跑车装置。第 6.4.2.8 条规定：斜井各水平车场应设阻车器或挡车栏。

常闭式防跑车装置正常是关闭状态，接收到车辆通行信号时可打开让车辆通过，设置的目的是斜井提升断绳、脱钩出现跑车时，可以捕捉住矿车，避免矿车飞车掉入斜井底。井口和各中段水平设置的阻车器或挡车栏，可在车辆通过时打开，通过后关闭，设置的目的是防止井口和各水平的车辆自行滑入斜井造成跑车事故。连接链、连接插销是串车之间连接的装置，应采用不能自行脱钩的连接装置，避免在提升过程中出现矿车自行脱钩。因此，存在本款情形即判定为重大事故隐患。

5. 斜井提升信号系统与提升机之间未实现闭锁。

【解读】

《金属非金属矿山安全规程》第 6.4.8.12 条规定，提升装置的机电控制系统应符合下列要求：提升机与信号系统之间应实现闭锁，无工作执行信号不能开车；未经提升管理部门批准不得解除闭锁和安全制动。

提升信号系统与提升机之间实现闭锁是提升机运行前的安全管理与确认，可保证提升机是在有提升要求、允许提升机工作的前提下运行。避免在斜井井下各水平人员上下串车期间，提升机启动造成人员伤亡事故。因此，存在本款情形即判定为重大事故隐患。

（二十三）井下无轨运人车辆存在下列情形之一的：

1. 未取得金属非金属矿山矿用产品安全标志；

【解读】

《金属非金属地下矿山无轨运人车辆安全技术要求》（AQ 2070—2019）第 4.1.9 条规定：无轨运人车辆应根据国家有关规定取得矿用产品安全标志，安全标志标识应施加在产品明显位置。

井下无轨运人车辆每天负担井下作业人员的运输任务，运输中会持续长时间上坡或下坡，如其性能不符合要求，将会引起重大事故。因此，存在本款情形即判定为重大事故隐患。

2. 载人数量超过 25 人或者超过核载人数；

【解读】

《金属非金属矿山安全规程》第 6.3.4.3 条规定：采用无轨设备运输，通过斜坡道运输人员时，应采用井下专用运人车，每辆车乘员数量不超过 25 人。

井下运人车辆乘员数量不得超过车辆的核载人数，且最多不超过 25 人，该数量是包括司机在内的总人数。存在本款情形即判定为重大事故隐患。

3. 制动系统采用干式制动器，或者未同时配备行车制动系统、驻车制动系统和应急制动系统；

【解读】

《金属非金属矿山安全规程》第 6.3.4.2 条规定：用于运输人员、油料的无轨设备应采用湿式制动器；井下专用运人车应有行车制动系统、驻车制动系统和应急制动系统。

干式制动器制动时，制动器的闸瓦和制动盘直接接触，在车辆连续下坡时，连续制动造成制动闸瓦过热，制动器容易失灵引发事故。行车制动是在行车时实行制动；驻车制动是在停车时阻止车辆溜车；应急制动是指车辆在行驶中遇到紧急情况时，在最短距离内将车停住。存在本款情形即判定为重大事故隐患。

4. 未按国家规定对车辆进行检测检验。

【解读】

《金属非金属地下矿山无轨运人车辆安全技术要求》第 6.1 条规定：无轨运人车辆的检验分型式检验、出厂检验和定期检验。型式检验由安全生产检测检验机构进行；出厂检验由无轨运人车辆的制造厂家进行；定期检验由用户或安全生产检测检验机构进行，定期检验的周期为 1 年。

井下无轨运人车辆运行环境和工况较为恶劣，为保证车辆的性能，必须严格按照相关要求进行检测检验，否则即判定为重大事故隐患。

（二十四）一级负荷未采用双重电源供电，或者双重电源中的任一电源不能满足全部一级负荷需要。

【解读】

《金属非金属矿山安全规程》第6.7.1.1条规定：人员提升系统、矿井主要排水系统的负荷应作为一级负荷，由双重电源供电，任一电源的容量应至少满足矿山全部一级负荷电力需求。

"双重电源"是指为同一用户负荷供电的两回供电线路，两回供电线路可以分别来自两个不同变电站，或来自不同电源进线的同一变电站内的两段母线。一重电源为自备电源，另一重来自电网，也视为双重电源。

一级负荷涉及人员安全，停电可能造成淹井和人员不能快速升井，因此一级负荷应采用双重电源进行供电（斜井人员提升系统的负荷不视为一级负荷）。如果任何一路电源不能满足全部一级负荷的需求，则可判定为无法满足一级负荷的供电安全。因此，存在本条情形即判定为重大事故隐患。

（二十五）向井下采场供电的6 kV～35 kV系统的中性点采用直接接地。

【解读】

《金属非金属矿山安全规程》第6.7.1.6条规定：向井下采场供电的6 kV～35 kV系统中性点不得采用直接接地系统。

6 kV～35 kV系统中性点如采用直接接地，则其接地发生故障时电流较大，对设备造成的损害较严重；倘若人接近故障点时，则会对生命产生严重威胁。因此，存在本条情形即判定为重大事故隐患。

（二十六）工程地质或者水文地质类型复杂的矿山，井巷工程施工未进行施工组织设计，或者未按施工组织设计落实安全措施。

【解读】

《金属非金属矿山安全规程》第6.2.1.1条规定：井巷工程施工应按施工组织设计进行。第6.2.1.2条规定：井巷工程穿过软岩、流砂、淤泥、砂砾、破碎带、老窿、溶洞或较大含水层等不良地层时，施工前应制定专门的施工安全技术措施。

施工组织设计应由施工单位编制。工程地质和水文地质条件复杂的矿山，在掘进施工中容易出现塌方、片帮、冒顶、水害等问题，如果没有施工组织设计或未落实相应的安全措施，则施工中易发生安全事故。因此，存在本条情形即判定为重大事故隐患。

（二十七）新建、改扩建矿山建设项目有下列行为之一的：

1. 安全设施设计未经批准，或者批准后出现重大变更未经再次批准擅自组织施工；

【解读】

《国家矿山安全监察局关于印发〈关于加强非煤矿山安全生产工作的指导意见〉的通知》第（二）条规定：非煤矿山企业在建设、生产期间发生《金属非金属矿山建设项目安全设施设计重大变更范围》规定的重大变更，原则上应当由原设计单位进行变更设计，报原审批部门批准后方可施工。

"安全设施设计"是针对矿山工程安全设施的整体设计，是矿山建设项目安全设施"三同时"的重要文件和依据。如果擅自动工，可能会导致安全设施不到位，降低矿山整体的安全程度。安全设施设计出现重大变更时，会导致重要的安全设施发生较大变化，如不重新设计和审查，同样会导致矿山安全程度下降。因此，存在本款情形即判定为重大事故隐患。

2. 在竣工验收前组织生产，经批准的联合试运转除外。

【解读】

《金属非金属矿山安全规程》第4.6.5条规定：矿山建设项目的安全设施应该在项目正式投产前进行验收。

安全设施验收是确定安全设施建设符合《安全设施设计》的重要环节。建设单位应当严格按照《国家安全监管总局关于规范金属非金属矿山建设项目安全设施竣工验收工作的通知》（安监总管一〔2016〕14号）要求，组织开展安全设施竣工验收。存在本款情形的，即判定为重大事故隐患。需要指出的是，本款中联合试运转的时间最长不得超过180天。

（二十八）矿山企业违反国家有关工程项目发包规定，有下列行为之一的：

1. 将工程项目发包给不具有法定资质和条件的单位，或者承包单位数量超过国家规定的数量；

【解读】

《非煤矿山外包工程安全管理暂行办法》（原国家安全监管总局令第62号）第七条规定：发包单位应当审查承包单位的非煤矿山安全生产许可证和相应资质，不得将外包工程发包给不具备安全生产许可证和相应资质的承包单位。《国家矿山安全监察局关于印发〈关于加强金属非金属地下矿山外包工程安全管理的若干规定〉的通知》（矿安〔2021〕55号）第三条规定：对井下采矿、掘进工程进行发包的，除爆破承包单位外，大中型矿山承包单位不得超过 2 家、小型矿山承包单位不得超过 1 家。

矿山工程施工过程作业风险高，承包单位若不具备法定资质和条件，其技术和管理水平与承担的工程难度不匹配，容易发生事故。承包单位过多，工作相互影响大，难以统一协调管理，也容易引发事故。因此，存在本款情形即判定为重大事故隐患。

2. 承包单位项目部的负责人、安全生产管理人员、专业技术人员、特种作业人员不符合国家规定的数量、条件或者不属于承包单位正式职工。

【解读】

《国家矿山安全监察局关于印发〈关于加强非煤矿山安全生产工作的指导意见〉的通知》第（十九）条规定：金属非金属地下矿山采掘施工承包单位项目部应当依法设立安全管理机构或者配备专职安全生产管理人员，专职安全生产管理人员数量按不少于从业人数的百分之一配备且不少于 3 人；配备具有采矿、地质、测量、机电等矿山相关专业的专职技术人员，每个专业至少配备 1 人。项目部负责人和专职技术人员应当具有矿山相关专业中专及以上学历或者中级及以上技术职称。项目部管理人员、技术人员、特种作业人员必须是项目部上级法人单位的正式职工，不得使用劳务派遣人员、临时人员。

矿山行业属于高危行业，承包相关工程的单位应具有一定的技术和管理的力量保障，否则容易漏管失控，导致生产安全事故。因此，存在本款情形即判定为重大事故隐患。需要指出的是，本款要求的相关人员均应为专职人员。

（二十九）井下或者井口动火作业未按国家规定落实审批制度或者安全措施。

【解读】

《国务院安委会办公室关于加强矿山安全生产工作的紧急通知》（安委办〔2021〕3 号）第一条规定：矿山企业使用电、气焊等进行切割、焊接动火作业时，必须制定专门安全措施并严格按规定履行审批程序，严禁不具备资质条件的电焊（气割）工入井动火作业；在井口和井筒内动火作业时，必须撤出井下所有作业人员；在主要进风巷动火作业时，必须撤出回风侧所有人员。

《金属非金属矿山安全规程》第 6.9.1.19 条规定：矿山应建立动火制度，在井下和井口建筑物内进行焊接等明火作业，应制定防火措施，经矿山企业主要负责人批准后方可动火。在井筒内进行焊接时应派专人监护；在作业部位的下方应设置收集焊渣的设施；焊接完毕应严格检查清理。

矿山焊接产生的火花温度很高，容易引燃周边或下部的可燃材料，如木材、油料（油酯）、胶带（橡胶）、轮胎、可燃气体、钢丝绳上的油脂等，导致重大火灾事故。因此，存在本条情形即判定为重大事故隐患。

（三十）矿山年产量超过矿山设计年生产能力幅度在 20% 及以上，或者月产量大于矿山设计年生产能力的 20% 及以上。

【解读】

《金属非金属地下矿山企业领导带班下井及监督检查暂行规定》（原国家安全监管总局令第 34 号）第十条规定，矿山企业领导带班下井时，应当履行下列职责：及时发现和组织消除事故隐患和险情，及时制止违章违纪行为，严禁违章指挥，严禁超能力组织生产。

假设一座矿山设计生产能力为 100 万吨/年，如果年产量达到或超过 120 万吨（即 100 万吨×120%），月产量达到或超过 20 万吨（即 100 万吨×20%），即判定为重大事故隐患。

（三十一）矿井未建立安全监测监控系统、人员定位系统、通信联络系统，或者已经建立的系统不符合国家有关规定，或者系统运行不正常未及时修复，或者关闭、破坏该系统，或者篡改、隐瞒、销毁其相关数据、信息。

【解读】

《金属非金属矿山安全规程》第 6.7.7.2 条规定：地下矿山应建立有线调度通信系统。第 6.7.7.3 条规定：大中型地下矿山应建立监测监控系统，监控网络应当通过网络安全设备与其他网络互通互联。《国家矿山安全监察局关于印发〈关于加强非煤矿山安全生产工作的指导意见〉的通知》第（五）条第 5 款规定：金属非金属地下矿山在基建过程中应同步建立监测监控、人员定位、通信联络系统。开采深度 800 米及以上的金属非金属地下矿山，应当建立在线地压监测系统。

监测监控、人员定位、通信联络系统对于保证井下人员安全和发生事故后开展救援工作均至关重要。矿山应按照《金属非金属地下矿山监测监控系统建设规范》（AQ 2031—2011）、《金属非金属地下矿山人员定位系统建设规范》（AQ 2032—2011）和《金属非金属地下矿山通信联络系统建设规范》（AQ 2036—

2011）进行相应建设，以满足矿山安全生产的要求。

《中华人民共和国安全生产法》第三十六条规定：生产经营单位不得关闭、破坏直接关系生产安全的监控、报警、防护、救生设备、设施，或者篡改、隐瞒、销毁其相关数据、信息。

综上所述，存在本条情形即判定为重大事故隐患。

（三十二）未配备具有矿山相关专业的专职矿长、总工程师以及分管安全、生产、机电的副矿长，或者未配备具有采矿、地质、测量、机电等专业的技术人员。

【解读】

《国家矿山安全监察局关于印发〈关于加强非煤矿山安全生产工作的指导意见〉的通知》第（十一）条规定：金属非金属地下矿山每个独立生产系统应当配备专职的矿长、总工程师和分管安全、生产、机电的副矿长，以上人员应当具有采矿、地质、矿建（井建）、通风、测量、机电、安全等矿山相关专业大专及以上学历或者中级及以上技术职称。金属非金属地下矿山应当设立技术管理机构，建立健全技术管理制度，配备具有采矿、地质、测量、机电等矿山相关专业中专及以上学历或者中级及以上技术职称的专职技术人员，每个专业至少配备 1 人。需要指出的是，如果一家非煤矿山企业有多个独立生产系统，则每个独立生产系统均需要配备"五职"矿长和专业技术人员。

地下矿山安全风险高，事故易发多发，"五职"矿长和专业技术人员是矿山安全生产的最基本保障。因此，存在本条情形即判定为重大事故隐患。

二、金属非金属露天矿山重大事故隐患解读

（一）地下开采转露天开采前，未探明采空区和溶洞，或者未按设计处理对露天开采安全有威胁的采空区和溶洞。

【解读】

《金属非金属矿山安全规程》第 5.1.3 条规定：地下开采转为露天开采时，应确定全部地下工程和矿柱的位置并绘制在矿山平、剖面对照图上；开采前应处理对露天开采安全有威胁的地下工程和采空区，不能处理的，应采取安全措施并在开采过程中处理。

地下开采转为露天开采，原有地下开采形成的井巷、硐室、采空区以及岩溶发育地区形成的地下溶洞对露天开采安全均有较大影响，未探明采空区和溶洞的

规模与分布情况即开展露天开采活动，容易造成人员和设备坠入采空区、溶洞，以及发生坍塌事故，因此地下开采转露天开采前，应首先探明矿区范围内及邻近区域的采空区和溶洞。进行设计时应明确处理采空区、溶洞的方式、方法和时间。矿山企业在露天开采前应按照设计要求对采空区、溶洞进行处理。

地下开采转露天开采前，未探明许可开采范围内及邻近区域的采空区和溶洞，或者开采前未按设计的方法或方式处理对露天开采安全有威胁的采空区和溶洞，即判定为重大事故隐患。

（二）使用国家明令禁止使用的设备、材料或者工艺。

【解读】

国家明令禁止使用的设备、材料和工艺包括《国家安全监管总局关于发布金属非金属矿山禁止使用的设备及工艺目录（第一批）的通知》《国家安全监管总局关于发布金属非金属矿山禁止使用的设备及工艺目录（第二批）的通知》，以及国家标准、行业标准和应急管理部、国家矿山安全监察局制定的行政规范性文件明确金属非金属露天矿山严禁使用的设备、材料或者工艺。存在本条情形的，即判定为重大事故隐患。

（三）未采用自上而下的开采顺序分台阶或者分层开采。

【解读】

《金属非金属矿山安全规程》第5.2.1.1条规定：露天开采应遵循自上而下的开采顺序，分台阶开采。

露天开采采用底部掏采会形成"伞檐"，极易发生边坡垮塌事故，因此露天开采应严格遵循自上而下的开采顺序。

分台阶或分层开采，一方面可以允许多个工作面同时作业，提高开采效率；另一方面可以改善设备设施的作业条件，使之有一个较为宽敞的作业平台，防止高处坠落事故。此外，分台阶或分层开采形成的台阶可以承接上部采场边坡滑落的部分浮石，有利于保障开采作业安全，防止滚石伤人、砸毁设备。分台阶或者分层开采有利于采场边坡稳定，降低边坡大范围滑坡风险。

小型露天采石场未采用自上而下开采顺序，未分台阶开采，或者未分层开采的，即判定为重大事故隐患。小型露天采石场以外的其他露天矿山未采用自上而下开采顺序，或者未分台阶开采的，即判定为重大事故隐患。

（四）工作帮坡角大于设计工作帮坡角，或者最终边坡台阶高度超过设计高度。

【解读】

根据《非煤矿山采矿术语标准》（GB/T 51339—2018），"工作帮坡角"是指由若干个工作台阶组成进行采剥作业的露天采场工作帮最上台阶坡底线和最下台阶坡底线所构成的假想坡面与水平面的夹角，如图2-1所示。工作帮坡角大于设计值时会降低露天矿山采矿或剥离作业过程中工作台阶或边坡的稳定性，减小作业平台的宽度会降低台阶生产作业安全性，容易导致台阶或边坡滑坡甚至坍塌事故，造成重大人员伤亡和财产损失。

"最终边坡台阶高度"是指露天矿山已形成最终边坡的台阶高度或并段后的台阶高度，如图2-1所示。最终边坡台阶高度超过设计高度会降低台阶或最终边坡的稳定性，严重威胁露天采场内作业人员和设备的安全。因此，存在本条情形即判定为重大事故隐患。

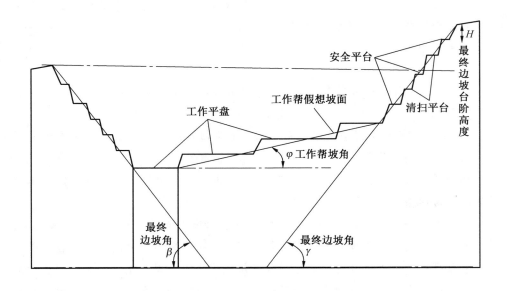

图2-1 露天采场工作帮坡角、最终边坡台阶高度示意图

（五）开采或者破坏设计要求保留的矿（岩）柱或者挂帮矿体。

【解读】

《金属非金属矿山安全规程》第5.1.7条规定：设计规定保留的矿柱、岩柱、挂帮矿体，在规定的期限内，未经技术论证，不应开采或破坏。

设计保留的矿柱、岩柱、挂帮矿体，是为了预防矿山各种工程地质和水文地质灾害，保护露天边坡、建构筑物和工业场地安全，防止地表移动和下沉，确保矿山开采安全而留设的。任意开采或破坏矿柱、岩柱、挂帮矿体，极易引发大面积滑坡和塌陷事故，影响露天边坡、建构筑物和工业场地的安全，甚至造成重大人员伤亡。因此，存在本条情形即判定为重大事故隐患。

（六）未按有关国家标准或者行业标准对采场边坡、排土场边坡进行稳定性分析。

【解读】

《金属非金属矿山安全规程》第5.2.4.5条规定：矿山应建立健全边坡安全管理和检查制度。每5年至少进行1次边坡稳定性分析。

采场边坡、排土场边坡稳定性是生产过程中不可忽视的问题，一旦采场边坡、排土场边坡稳定性达不到要求，容易导致边坡垮塌、滑坡等事故发生，造成人员伤亡。因此，存在本条情形即判定为重大事故隐患。

（七）边坡存在下列情形之一的：

1. 高度200米及以上的采场边坡未进行在线监测；
2. 高度200米及以上的排土场边坡未建立边坡稳定监测系统；
3. 关闭、破坏监测系统或者隐瞒、篡改、销毁其相关数据、信息。

【解读】

《金属非金属矿山安全规程》第5.2.4.6条规定：高度超过200 m的露天边坡应进行在线监测，对承受水压的边坡应进行水压监测。第5.5.3.2条规定：矿山企业应建立排土场边坡稳定监测制度，边坡高度超过200 m的，应设边坡稳定监测系统，防止发生泥石流和滑坡。

高度200米及以上的露天矿山采场边坡或排土场边坡可参照《非煤露天矿边坡工程技术规范》（GB 51016—2014）和《金属非金属露天矿山高陡边坡安全监测技术规范》（AQ/T 2063—2018）进行监测系统设计和建设。如设计中对高度超过200米及以上的采场边坡或排土场边坡进行了监测系统设计，则应依据设计建设安装监测系统。

露天矿山采场边坡和排土场边坡的主要危险是边坡出现变形、滑移、滑坡和坍塌等。边坡高度200米及以上的采场边坡和排土场边坡一旦发生滑坡或坍塌事故，极易造成重大人员伤亡和财产损失，因此必须加强监测以防止事故发生。

此外，《中华人民共和国安全生产法》第三十六条规定：生产经营单位不得关闭、破坏直接关系生产安全的监控、报警、防护、救生设备、设施，或者篡改、隐瞒、销毁其相关数据、信息。

因此，露天矿山采场边坡或排土场边坡存在本条情形之一的即判定为重大事故隐患。

（八）边坡出现滑移现象，存在下列情形之一的：

1. 边坡出现横向及纵向放射状裂缝；
2. 坡体前缘坡脚处出现上隆（凸起）现象，后缘的裂缝急剧扩展；
3. 位移观测资料显示的水平位移量或者垂直位移量出现加速变化的趋势。

【解读】

边坡滑坡事故往往造成人员伤亡，设备损毁，生产系统破坏。不同类型、不同性质、不同特点的露天边坡滑坡，在滑动之前，均会表现出不同的异常（滑移）现象，显示出滑坡预兆（前兆），边坡是否存在滑移现象可通过现场检查边坡形态或相关数据来加以确定。

边坡出现横向及纵向放射状裂缝，坡体前缘出现上隆（凸起），后缘裂缝急剧扩展时，边坡出现明显受力变形，极易导致大范围垮塌或滑坡事故发生。边坡监测的位移数据出现加速变化，说明边坡正在发生变形加速，如果不尽快采取相应措施，当边坡累计位移量过大时，极易发生边坡滑坡或垮塌事故。

因此，存在本条任一情形的，即判定为重大事故隐患。

（九）运输道路坡度大于设计坡度 10% 以上。

【解读】

根据《非煤矿山采矿术语标准》，露天矿山运输道路是指用以运送矿石、岩石、人员、设备、材料等的道路，也称运输线路。露天矿山运输道路主要包括露天采场内的运输生产干线、支线和联络线等。露天矿山运输道路是矿山生产的重要设施，车辆行驶频繁密集，在设计中一般以行驶安全、稳定为主，综合考虑了车辆型号、坡长等因素。增大运输道路坡度将给车辆的安全行驶带来重大安全风险，极易发生车辆失控、碰撞等事故。当露天矿山运输道路坡度（最大纵坡或平均纵坡）大于设计坡度 10% 以上时，将严重影响汽车行驶安全，容易诱发车辆伤害等事故。因此，存在本条情形即判定为重大事故隐患。

（十）凹陷露天矿山未按设计建设防洪、排洪设施。

【解读】

《金属非金属矿山安全规程》第5.7.1.4条规定：凹陷露天坑应设机械排水或自流排水设施。

防洪、排洪设施主要包括：截水沟、拦河护堤、泄水井巷或钻孔、集水坑（水仓）、排水设备及管网系统等。

凹陷露天矿山由于泄水条件较差，在遭遇强降雨等极端天气时，防洪、排洪设施不完善可能导致露天采坑被淹没，严重威胁露天矿山人员、设备和边坡安全。因此，存在本条情形即判定为重大事故隐患。

（十一）排土场存在下列情形之一的：

1. 在平均坡度大于1：5的地基上顺坡排土，未按设计采取安全措施；

2. 排土场总堆置高度2倍范围以内有人员密集场所，未按设计采取安全措施；

3. 山坡排土场周围未按设计修筑截、排水设施。

【解读】

"顺坡排土"是指顺着坡向自上而下进行排土作业。每个台阶堆置过程中边坡高度较大，排土作业过程中边坡稳定性就相对较差，特别是在平均坡度1：5的地基上顺坡排土会进一步降低排土作业过程中排土场边坡的稳定性，容易引发排土场边坡滑坡等事故，因此必须采取合理的压坡角等安全措施，确保排土场堆排作业过程中边坡稳定。

《有色金属矿山排土场设计标准》（GB 50421—2018）第5.0.2条和《冶金矿山排土场设计规范》（GB 51119—2015）第5.4.1条均规定：居住区、村镇、工业场地等的最小安全距离为大于等于排土场设计最终堆置高度的2倍。因此，排土场总堆置高度2倍范围以内不应有居住区、村镇、工业场地等人员密集场所；否则，应按照设计采取相应的防护措施等。

水是造成排土场水土流失、滑坡和泥石流的因素。依山而建的山坡型排土场易受到山体汇水的直接冲刷，山体汇水严重威胁排土场稳定性，需要采取在排土场靠山一侧修建截水沟或挡水堤，或者在平台与山坡的交界处设置排水沟等措施。为此，《金属非金属矿山安全规程》第5.5.1.7条规定：山坡排土场周围应修筑可靠的截、排水设施。

综上所述，排土场存在以上三种情形之一的即判定为重大事故隐患。

（十二）露天采场未按设计设置安全平台和清扫平台。

【解读】

根据《非煤矿山采矿术语标准》，"安全平台"是指在边坡上为保持帮坡稳定和阻挡塌落物而设置的平台。"清扫平台"是指在边坡上为清除塌落物而设置的平台。露天矿山在生产作业过程中，边坡上的浮石滑落经常发生，安全平台能够有效缓冲和阻截滑落的浮石，同时还可减小最终帮坡角，保证最终边坡的稳定性和下部水平的作业安全。清扫平台主要用于矿山企业采取人工或机械等方式进行台阶清扫维护，同时又起着安全平台的作用。

《金属非金属矿山安全规程》第5.2.1.4条规定：露天采场应设安全平台和清扫平台。未按设计要求设置安全平台和清扫平台包括平台设置的位置和宽度等参数劣于设计要求，边坡浮石和台阶落石不能有效阻截和清理，易导致物体打击等事故发生，同时安全平台数量和宽度不足将会影响帮坡稳定性，易发生滑坡甚至坍塌事故，造成重大人员伤亡和设备财产损失。

综上所述，存在本条情形即判定为重大事故隐患。

（十三）擅自对在用排土场进行回采作业。

【解读】

排土场作为集中堆放矿山建设和生产过程中产生的腐殖表土和岩石等的场所，堆置的排土体孔隙率大，相对较为松散，擅自对在用排土场进行挖掘、回采矿石或石材等作业，将会破坏排土场整体稳定性，极易导致排土场边坡滑坡甚至引发排土场整体滑移垮塌等事故，同时，也会对排土场的正常作业造成干扰和破坏。

因此，未经设计和安全技术论证，擅自对在用排土场进行回采作业的，即判定为重大事故隐患。

三、尾矿库重大事故隐患解读

（一）库区或者尾矿坝上存在未按设计进行开采、挖掘、爆破等危及尾矿库安全的活动。

【解读】

"库区"是指设计最终状态时坝顶标高水平面与尾矿坝体外坡面以下、库底面以上所围成的空间区域（不含坝体区域）。

在尾矿库库区或者尾矿坝上未经设计单位设计进行开采、挖掘、爆破等活动，可能对尾矿库的安全产生影响，特别是对排洪系统和坝体安全产生重大影响，容易导致排洪系统淤堵或损毁、坝体失稳等后果，造成人员伤亡事故。

《尾矿库安全规程》（GB 39496—2020）第6.8.1条规定：尾矿坝上和尾矿库区内不得建设与尾矿库运行无关的建、构筑物。第6.8.2条规定：尾矿坝上和对尾矿库产生安全影响的区域不得进行乱采、滥挖和非法爆破等违规作业。据此，"未按设计"应从以下几个方面进行判断：

（1）没有设计，进行乱采、滥挖和非法爆破等违规作业。

（2）虽然有设计，但是开展的活动与保障尾矿库安全运行无关。

（3）涉及设计重大变更的，未获得原审批部门批准。

只要存在其中一个方面的问题，即判定为重大事故隐患。需要指出的是，按照经批准的设计，开展与尾矿库运行相关的坝体加高、排洪设施、回水设施等建构筑物施工，而进行的开采、挖掘、爆破等活动，不属于重大事故隐患。

（二）坝体存在下列情形之一的：

1. 坝体出现严重的管涌、流土变形等现象；

2. 坝体出现贯穿性裂缝、坍塌、滑动迹象；

3. 坝体出现大面积纵向裂缝，且出现较大范围渗透水高位出逸或者大面积沼泽化。

【解读】

"管涌"是指在渗流作用下，土体中的细土粒在粗土粒中形成的孔隙通道中发生移动并被带走的现象，主要发生在砂砾土中。"流土变形"是指在渗流作用下局部土体表面隆起，或土粒群同时移动而流失的现象，主要发生在地基或土坝下游渗流溢出处。"纵向裂缝"是指大体上平行于坝轴线方向的裂缝。

《尾矿库安全规程》第6.9.2条把"坝体出现大面积纵向裂缝，且出现较大范围渗透水高位出逸，出现大面积沼泽化"列为重大事故隐患；第6.9.3条把"坝体出现严重的管涌、流土等现象的""坝体出现严重裂缝、坍塌和滑动迹象的"这两种情形列为重大险情。重大险情可以看作是重大事故隐患中最严重的一种情况，虽然未发生事故，但情况更危急，生产经营单位必须立即停产，启动应急预案，进行抢险。抢险结束后，还要按照重大事故隐患的相关规定进行处理。

尾矿坝坝体存在以上三种情形中的任意一种，都可能造成坝体失稳，因此均判定为重大事故隐患。

（三）坝体的平均外坡比或者堆积子坝的外坡比陡于设计坡比。

【解读】

"外坡比"指的是尾矿坝的垂直高度与水平宽度的比值。坝体的平均外坡比是对尾矿堆积坝坝体外坡整体坡度的评价指标，堆积子坝的外坡比是对上游式尾矿筑坝法子坝外坡坡度的评价指标。外坡比通常用 $1:a$ 表示，如 $1:3.0$，堆积坝坝体平均外坡比按图 3-1 计算，堆积子坝外坡比按图 3-2 计算，$a = L/H$，a 值越小表示边坡越陡，通常在判断的时候 a 精确到小数点后 1 位即可。

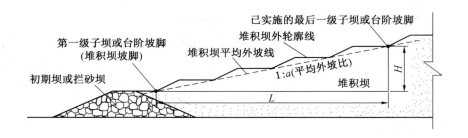

图 3-1　堆积坝坝体平均外坡比计算示意图

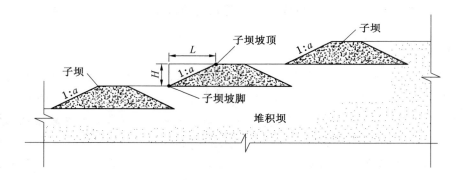

图 3-2　堆积子坝外坡比计算示意图

坝体的平均外坡比和堆积子坝的外坡比都是根据尾矿物理力学参数计算坝体渗流稳定和抗滑稳定获得的，由设计确定。坝外坡坡比一旦变小，坝体渗流和抗滑稳定性就会降低，可能导致渗流破坏或坝体失稳进而发生溃坝。所以，当坝体的平均外坡比或者任一堆积子坝的外坡比有一项陡于设计坡比，即判定为重大事故隐患。

《尾矿库安全规程》第6.9.2条把"坝外坡坡比陡于设计坡比"列为重大事故隐患。"坝体的平均外坡比或者堆积子坝的外坡比陡于设计坡比",是对该规定的进一步明确。

（四）坝体高度超过设计总坝高，或者尾矿库超过设计库容贮存尾矿。

【解读】

"设计总坝高"是指设计最终状态时的坝高。"设计库容"是指设计最终状态时的总库容。"坝体高度"不包括为保证坝体安全预留的沉陷余量，预留的沉陷余量部分不得用来排放尾矿。

坝体高度超过设计总坝高，或者尾矿库超过设计库容贮存尾矿时，尾矿库的安全性是无法保证的，严重时可能造成尾矿坝失稳，从而导致溃坝事故。因此，存在本条情形即判定为重大事故隐患。

《尾矿库安全规程》第6.9.2条把"坝体超过设计坝高，或者超设计库容贮存尾矿"列为重大事故隐患，"坝体高度超过设计总坝高，或者尾矿库超过设计库容贮存尾矿"，是对该规定的进一步明确。

（五）尾矿堆积坝上升速率大于设计堆积上升速率。

【解读】

"尾矿堆积坝"是指生产过程中用尾矿堆积而成的坝。上升速率以单位时间上升高度来度量，可以采用"米/年"或"米/月"为单位，工程上一般采用"米/年"为单位，具体判断时以设计给出的单位为准。

饱和砂土材料会随着时间增加逐渐排水固结，其强度指标也会逐渐增长。采用尾矿筑坝的尾矿坝坝体上升速度过快，容易造成坝体尾矿材料无法充分固结，尾矿的物理力学性能无法达到设计值，从而降低坝体稳定性，增大渗流破坏的概率，严重时会导致溃坝。同时，上升速率过快本质上是超设计量排放尾矿造成的，《尾矿库安全规程》第6.9.2条把"尾矿库堆积坝上升速率大于设计堆积上升速率"列为重大事故隐患。因此，存在本条情形即判定为重大事故隐患。

（六）采用尾矿堆坝的尾矿库，未按《尾矿库安全规程》（GB 39496—2020）第6.1.9条规定对尾矿坝做全面的安全性复核。

【解读】

《尾矿库安全规程》第6.1.9条规定：采用尾矿堆坝的尾矿库，应在运行期对尾矿坝做全面的安全性复核，以验证最终坝体的稳定性和确定后期的处理措施；尾矿坝安全性复核前应对尾矿坝进行全面的岩土工程勘察，安全性复核工作应由设计单位根据勘察结果完成。安全性复核应满足下列原则：

——三等及三等以下的尾矿库在尾矿坝堆至 1/2～2/3 最终设计总坝高，一等及二等尾矿库在尾矿坝堆至 1/3～1/2 和 1/2～2/3 最终设计总坝高时，应分别对坝体做全面的安全性复核；

——尾矿库达到一等库后，坝高每增高 20 m 应对坝体进行全面的安全性复核；

——尾矿性质、放矿方式与设计相差较大时，应对尾矿坝体进行全面的安全性复核。

安全性复核涉及到的勘察、设计单位的资质要求应根据尾矿库等别按《尾矿库安全监督管理规定》（原国家安全监管总局令第 38 号）相关规定确定。

在实际工作中，应从以下五个方面进行判断：

（1）是否在规定时期内完成了安全性复核工作。

（2）是否进行了岩土工程勘察。

（3）安全性复核工作是否由满足能力的设计单位完成。

（4）勘察、设计单位的资质是否满足要求。

（5）内容和结论是否与实际严重不符。

上述五个方面只要有一方面不满足要求，即判定为重大事故隐患。

（七）浸润线埋深小于控制浸润线埋深。

【解读】

"浸润线"是指坝体渗流水自由表面的位置，在横剖面上为一条曲线。"临界浸润线"是指坝体抗滑稳定安全系数能满足《尾矿库安全规程》最低要求时的坝体浸润线。"控制浸润线"是指既满足临界浸润线要求，又满足尾矿堆积坝下游坡最小埋深浸润线要求的坝体最高浸润线。"浸润线""临界浸润线"或者"控制浸润线"都是由一系列的点构成的，这些点距离坝体表面的垂直距离即为埋深。

控制浸润线不是实际存在的浸润线，一般由设计单位通过各种计算并结合尾矿堆积坝下游坡最小埋深浸润线要求综合给出，尾矿坝各运行阶段、各运行条件、各剖面的控制浸润线埋深及同一剖面各位置控制浸润线埋深要分别给出。需要指出的是，由于历史原因，有些尾矿库设计单位并未在原始设计文件中给出控制浸润线，对于此种情况，生产经营单位应该要求或委托设计单位专门给出尾矿坝各运行期、各剖面的控制浸润线埋深。浸润线、控制浸润线及埋深示意如图3-3所示。

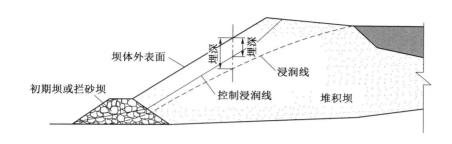

图3-3　浸润线、控制浸润线及埋深示意图

尾矿库的浸润线为尾矿库的"生命线"，浸润线的埋深与尾矿库的稳定性直接相关。当浸润线埋深小于控制浸润线埋深时，尾矿库的渗流稳定性和抗滑安全系数均小于设计值，易造成坝体失稳，从而导致溃坝。

《尾矿库安全规程》第5.3.15条规定：尾矿坝应满足渗流控制的要求，尾矿坝的渗流控制措施应确保浸润线低于控制浸润线。因此，当浸润线某一点埋深小于控制浸润线埋深即判定为重大事故隐患。

（八）汛前未按国家有关规定对尾矿库进行调洪演算，或者湿式尾矿库防洪高度和干滩长度小于设计值，或者干式尾矿库防洪高度和防洪宽度小于设计值。

【解读】

《尾矿库安全规程》第6.4.2条规定：生产经营单位每年汛前应委托设计单位根据尾矿库实测地形图、水位和尾矿沉积滩面实际情况进行调洪演算，复核尾矿库防洪能力，确定汛期尾矿库的运行水位、干滩长度、安全超高等安全运行控制参数。如果生产经营单位汛前未按上述规定对尾矿库进行调洪演算，就无法在汛期对库水位进行有效控制与防洪，在汛期就有可能出现洪水漫顶溃坝风险。

调洪演算设计单位的资质要求应根据尾矿库等别按《尾矿库安全监督管理规定》相关要求确定。在实际工作中，应从以下三个方面进行判断：

（1）调洪演算是否是在当年汛前完成的。

（2）是否由有相应资质的设计单位完成的。

（3）内容和结论是否与实际严重不符。

上述三个方面只要有一方面不满足要求，即判定为重大事故隐患。

需要指出的是，当上一年度调洪演算完成后，尾矿库未再进行排尾作业且尾矿库水位未升高、尾矿沉积滩面实际情况未发生变化时，本年度可以继续使用上一年度调洪演算结果，不再重新进行调洪演算。

设计给定的湿式尾矿库防洪高度和干滩长度，或者干式尾矿库防洪高度和防洪宽度，是为确保坝体稳定和尾矿库防洪安全，经调洪演算后确定的。湿式尾矿库防洪高度和干滩长度同时小于设计值，或者干式尾矿库防洪高度和防洪宽度同时小于设计值，均有可能造成渗流破坏甚至溃坝，也有可能导致调洪库容不足引发洪水漫顶而溃坝。因此，存在本条情形即判定为重大事故隐患。

（九）排洪系统存在下列情形之一的：

1. 排水井、排水斜槽、排水管、排水隧洞、拱板、盖板等排洪建构筑物混凝土厚度、强度或者型式不满足设计要求；

【解读】

排水井、排水斜槽、排水管、排水隧洞、拱板、盖板等排洪建构筑物属于地下排洪构筑物，一旦出现问题，将可能导致重大事故。其混凝土厚度、强度或者型式是由设计单位通过结构和水力计算选择和确定的，如不满足设计要求，其结构安全和排水能力则无法保证。

需要指出的是，排洪构筑物混凝土质量检测需要专业检测机构完成，生产经营单位无法自行完成，所以本款要求应从以下两个方面进行判断：

（1）是否按国家有关要求完成了相应的质量检测。

（2）质量检测结果是否符合设计。

如有一方面不满足要求，即判定为重大事故隐患。

2. 排洪设施部分堵塞或者坍塌、排水井有所倾斜，排水能力有所降低，达不到设计要求；

【解读】

排洪设施包括库内排洪设施、库外排洪设施及用于截洪的截洪沟。《尾矿库安全规程》第 6.9.2 条把"排洪设施部分堵塞或坍塌、排水井有所倾斜，排水能力有所降低，达不到设计要求"列为重大事故隐患。

需要指出的是，在做具体判断时，应根据排洪设施的最大泄水量和其工作状态综合判断：

（1）当排洪设施出现最大泄水量，且处于有压流工作状态，排洪设施只要出现堵塞或坍塌、排水井有所倾斜问题，即判定为重大事故隐患。

（2）当排洪设施出现最大泄水量，且处于无压流工作状态，排洪设施出现堵塞或者坍塌、排水井有所倾斜问题，影响进水口进水或者局部出现有压流状态，即判定为重大事故隐患。

3. 排洪构筑物终止使用时，封堵措施不满足设计要求。

【解读】

排洪构筑物终止使用时所采取的封堵措施是由设计单位根据排洪系统所在具体位置的工程地质条件、水文地质条件、排洪系统的结构状况、与相邻构筑物之间的关系及尾矿库运行后期荷载等条件综合分析计算确定的，实施的封堵措施如不满足设计要求，在尾矿库后期运行过程中，随着荷载的增加，极有可能造成封堵措施的破坏，进而造成大量尾矿的下泄。因此，存在本款情形即判定为重大事故隐患。

需要指出的是，在判断封堵措施是否满足设计要求时，除了要对封堵结构进行复核外，还要对封堵位置进行复核，如果封堵位置不满足设计要求，也是重大事故隐患。

（十）设计以外的尾矿、废料或者废水进库。

【解读】

不同的尾矿物理性质不一样，设计以外的尾矿、废料和废水进库后，不但造成尾矿沉积规律发生变化，抗剪强度、渗透系数等也随之改变，易形成软弱夹层，坝体渗流稳定和抗滑稳定无法得到保障。同时由于超设计规模排放，尾矿库内水位上升较快，安全超高、干滩长度等尾矿库各项安全控制参数难以得到保证，堆积坝上升速率也可能大于设计速率。

《尾矿库安全监督管理规定》第十八条规定：对生产运行的尾矿库，未经技术论证和安全生产监督管理部门的批准，任何单位和个人不得对"设计以外的尾矿、废料或者废水进库等"事项进行变更。因此，存在本条情形即判定为重大事故隐患。

需要指出的是，在实践中应注意以下两种情况：

（1）"设计以外的尾矿"不仅是指原设计选矿厂之外的其他选矿厂的尾矿，

也包括原设计选矿厂由于规模扩大而增加的尾矿。选矿厂在正常生产中一般存在生产波动，通常在 15% 左右，由于生产波动造成的短时间内入库尾矿量的变化不属于设计以外的尾矿。

（2）库区内建设与尾矿库运行相关的建构筑物而产生的弃土不属于设计以外的废料，但设计单位应给出弃土的堆存位置和堆存要求。

（十一）多种矿石性质不同的尾砂混合排放时，未按设计进行排放。

【解读】

多种矿石性质不同的尾砂混合排放时，设计会给定混合比例、不同矿石尾砂的排放方式（坝前排放、周边排放、库尾排放）、排放浓度。未按设计排放可能造成尾矿沉积规律发生变化，抗剪强度、渗透系数等也将随之改变。同时，易形成软弱夹层，坝体稳定无法得到保障，易发生溃坝事故。另外，不按设计规定的排放方式放矿，极有可能影响尾矿库调洪库容，进而对尾矿库防洪安全造成威胁。

《尾矿库安全规程》第 6.9.2 条将"多种矿石性质不同的尾砂混合排放时，未按设计要求进行排放"列为重大事故隐患。

因此，存在本条情形即判定为重大事故隐患。

（十二）冬季未按设计要求的冰下放矿方式进行放矿作业。

【解读】

我国东北、华北、西北及青藏高原等严寒地区的尾矿库，设计单位会根据尾矿库类别、筑坝型式及生产计划确定冬季放矿方式。当设计单位要求采用冬季冰下放矿时，生产经营单位在冬季未按照设计要求的冰下放矿方式进行放矿作业，易引起浸润线抬升或出逸、坝体出现融陷、尾矿强度参数迅速降低等问题，进而影响尾矿坝坝体安全。因此，《尾矿库安全规程》第 6.9.2 条把"冬季未按照设计要求采用冰下放矿作业"列为重大事故隐患。"冬季未按照设计要求的冰下放矿方式进行放矿作业"是对该规定的进一步明确。

（十三）安全监测系统存在下列情形之一的：

1. 未按设计设置安全监测系统；

【解读】

《尾矿库安全规程》第 5.5.1 条规定：尾矿库应设置人工安全监测和在线安

全监测相结合的安全监测设施。

设计单位需给出安全监测系统整体设置要求及分期实施的要求，生产经营单位应按设计要求及时设置安全监测系统，否则无法有效对尾矿库的安全状况进行监控。所以"未按设计设置安全监测系统"属于重大事故隐患。

需要指的是，在实际工作中应从以下四个方面进行判断：

（1）是否设计了安全监测系统。

（2）是否设置了人工安全监测设施。

（3）是否设置了在线安全监测设施。

（4）安全监测系统各监测项是否按设计设置。

以上四个方面只要有一个方面不满足要求，即判定为重大事故隐患。

2. 安全监测系统运行不正常未及时修复；

【解读】

《尾矿库安全规程》第6.7.8条规定：尾矿库在线安全监测系统应全天候连续正常运行。系统出现故障时，应尽快排除，故障排除时间不得超过7 d。

安全监测系统运行不正常未及时修复，安全监测系统将无法发挥应有的功能，相关人员就无法及时有效地掌握尾矿库的安全状况。因此，存在本款情形即判定为重大事故隐患。

3. 关闭、破坏安全监测系统，或者篡改、隐瞒、销毁其相关数据、信息。

【解读】

《中华人民共和国安全生产法》第三十六条规定：生产经营单位不得关闭、破坏直接关系生产安全的监控、报警、防护、救生设备、设施，或者篡改、隐瞒、销毁其相关数据、信息。

对尾矿库来讲，以上行为会导致相关人员无法掌握尾矿库真实安全状况，大量数据、信息无法追溯，为尾矿库安全管理留下重大隐患。因此，存在本款情形即判定为重大事故隐患。

（十四）干式尾矿库存在下列情形之一的：

1. 入库尾矿的含水率大于设计值，无法进行正常碾压且未设置可靠的防范措施；

2. 堆存推进方向与设计不一致；

3. 分层厚度或者台阶高度大于设计值；

4. 未按设计要求进行碾压。

【解读】

《尾矿库安全规程》第6.9.2条把"干式堆存尾矿的含水量大，实行干式堆存比较困难，且没有设置可靠的防范措施"列为重大事故隐患。"入库尾矿的含水率大于设计值，无法进行正常碾压且未设置可靠的防范措施"，是对该规定的进一步明确。

干式尾矿库根据尾矿排放推进方向和筑坝方式分为库前式尾矿排矿筑坝法、库周式尾矿排矿筑坝法、库中式尾矿排矿筑坝法、库尾式尾矿排矿筑坝法。设计单位是根据所选用的筑坝方法来确定堆存推进方向的，同时排洪设施也是根据堆存推进方向进行布置的，而"堆存推进方向与设计不一致"将严重影响坝体安全及尾矿库防洪安全，所以被列为重大事故隐患。

"分层厚度或者台阶高度大于设计值"既严重影响坝坡安全，又会导致尾矿碾压后压实度难以达到设计要求，所以被列为重大事故隐患。

设计单位会针对影响坝体稳定区域和其他区域分别给出压实要求及压实指标，"未按设计要求进行碾压"将无法保证坝体安全，所以列为重大事故隐患。

干式尾矿库存在上述四种情形之一的，即判定为重大事故隐患。

（十五）经验算，坝体抗滑稳定最小安全系数小于国家标准规定值的0.98倍。

【解读】

尾矿坝坝体的安全性主要由坝坡抗滑稳定的安全系数来衡量，《尾矿库安全规程》第5.3.16条分别给出了各级别尾矿坝在正常运行、洪水运行及特殊运行条件下坝坡抗滑稳定的最小安全系数。尾矿库在开展安全现状评价、安全性复核等工作时，均要对尾矿坝进行稳定性计算，给出各计算剖面、各运行条件的坝坡抗滑稳定安全系数，并按尾矿坝级别与《尾矿库安全规程》第5.3.16条相应规定值进行对比，如果任一剖面、任一运行条件下坝体抗滑稳定安全系数小于国家标准规定最小安全系数的0.98倍，即判定为重大事故隐患。

（十六）三等及以上尾矿库及"头顶库"未按设计设置通往坝顶、排洪系统附近的应急道路，或者应急道路无法满足应急抢险时通行和运送应急物资的需求。

【解读】

应急救援是尾矿库安全生产的最后一道防线，而配置充足的应急设施是应急救援的重要保障，也是及时有效开展应急救援的基础。应急救援一般需要相应人员、物资装备及应急道路，其中应急道路是应急救援的生命线。

《尾矿库安全规程》第6.1.10条规定：尾矿库应设置通往坝顶、排洪系统附近的应急道路，应急道路应满足应急抢险时通行和运送应急物资的需求，应避开产生安全事故可能影响区域且不应设置在尾矿坝外坡上。

考虑到三等及以上尾矿库及"头顶库"安全风险更大，所以把三等及以上尾矿库及"头顶库"存在本条情形即判定为重大事故隐患。

需要指出的是，在实践中应注意以下两种情况：

（1）对于平地型尾矿库，采用四面筑坝，尾矿库各个方向均有坝体，坝顶与周边区域没有连接，上坝道路必须经过尾矿坝外坡才能到达坝顶。由于各个方向的坝体同时发生事故的概率非常小，所以对于平地型尾矿库、建设多个尾矿坝的尾矿库，"不应设置在尾矿坝外坡上"是指应急道路不能设置在自己方位或自己坝体的外坡上，但必要时可设置在其他方位或其他尾矿坝的坝体上。以某平地型尾矿库为例，其某一方位坝体的应急道路可设置在其他方位坝体上，通过分别在不同方位坝体上设置两条以上上坝道路解决所有方位坝体应急道路的问题。

（2）大部分尾矿库排洪系统包含多座排水井，还有可能包含多座拦洪坝，这些重要设施附近均需要设置应急道路。对于通往各个排水井的应急道路，可以根据使用时间分期设置，只要保证在用排水井附近有应急道路即可。

（十七）尾矿库回采存在下列情形之一的：

1. 未经批准擅自回采；

2. 回采方式、顺序、单层开采高度、台阶坡面角不符合设计要求；

3. 同时进行回采和排放。

【解读】

《尾矿库安全监督管理规定》第二十七条规定：回采安全设施设计应当报安全生产监督管理部门审查批准。据此，未经批准擅自回采即判定为重大事故隐患。

《尾矿库安全监督管理规定》第二十七条规定：生产经营单位应当按照回采设计实施尾矿回采。回采设计内容主要包括回采方式、回采顺序、单层开采高度和台阶坡面角等要素。回采方式包括干式回采、湿式回采、干式和湿式联合回采，回采顺序为"由内到外，先库后坝，从上至下，单层开采"，回采方式或者回采顺序与设计要求不符合时即为重大事故隐患。当实际的单层开采高度大于设计值时，临时边坡变高，由于尾砂属于散粒体，通常固结效果不佳，边坡的抗滑稳定性下降，可能导致局部边坡失稳，对人员及设备造成安全威胁。当实际台阶坡面角陡于设计值时，台阶坡面的抗滑稳定性降低，可能引起坡面失稳。因此，单层开采高度或者台阶坡面角不符合设计要求，即判定为重大事故隐患。

《尾矿库安全规程》第7.2条规定：同一座尾矿库内不得同时进行尾矿的回采和排放。尾矿的回采和排放的安全管理要求是不同的，同一座尾矿库内同时进行尾矿的回采和排放，无法保证尾矿库的安全运行，所以尾矿库"同时进行回采和排放"即判定为重大事故隐患。此处"同时进行回采和排放"不仅指同一时间点上进行回采和排放，更主要的是指在安全设施设计回采周期内既回采又排放。

因此，尾矿库回采存在本条所述三种情形之一的，即判定为重大事故隐患。

（十八）用以贮存独立选矿厂进行矿石选别后排出尾矿的场所，未按尾矿库实施安全管理的。

【解读】

《尾矿设施设计规范》（GB 50863—2013）第1.0.3条规定：选矿厂必须有尾矿设施，严禁任意排放尾矿。独立选矿厂进行矿石选别后排出的尾矿，应该采用建设贮存场所的方式进行尾矿处置，对相应的贮存场所也应该严格按照尾矿库相关法律、法规及标准的要求实施安全管理；否则，即判定为重大事故隐患。

（十九）未按国家规定配备专职安全生产管理人员、专业技术人员和特种作业人员。

【解读】

《国家矿山安全监察局关于印发〈关于加强非煤矿山安全生产工作的指导意见〉的通知》第（十一）条规定：尾矿库应当配备水利、土木或者选矿（矿物加工）等尾矿库相关专业中专及以上学历或者中级及以上技术职称的专职技术人员，其中三等及以上尾矿库专职技术人员应当不少于2人，四等、五等尾矿库专职技术人员应当不少于1人。

针对尾矿库的安全运行，应急管理部、国家矿山安全监察局和地方各级人民政府出台了大量行政规范性文件，《尾矿库安全规程》等标准规范从管理和技术层面也作出规定，同时设计文件从技术层面也会给出详细要求。生产经营单位只有为尾矿库配备足够的专职安全生产管理人员、专业技术人员和特种作业人员，才能保证这些政策规定及要求得到有效执行和落实，进而保障尾矿库安全运行。因此，存在本条情形即判定为重大事故隐患。

《工贸企业重大事故隐患判定标准》解读

为准确判定、及时消除工贸企业重大事故隐患，根据《安全生产法》等法律、行政法规，结合近年来工贸企业典型事故教训，应急管理部制定印发了《工贸企业重大事故隐患判定标准》（应急管理部令第10号，以下简称《判定标准》），列举了64项应当判定为重大事故隐患的情形。为进一步明确具体的判定情形，便于各级应急管理部门和工贸企业应用，规范《判定标准》有效执行，现对《判定标准》中重点条款含义进行解释说明。

第一条 为了准确判定、及时消除工贸企业重大事故隐患（以下简称重大事故隐患），根据《中华人民共和国安全生产法》等法律、行政法规，制定本标准。

第二条 本标准适用于判定冶金、有色、建材、机械、轻工、纺织、烟草、商贸等工贸企业重大事故隐患。工贸企业内涉及危险化学品、消防（火灾）、燃气、特种设备等方面的重大事故隐患判定另有规定的，适用其规定。

【解读】

（1）本《判定标准》中第三条"管理类"重大事故隐患判定标准适用于所有相关工贸企业；第四条至第十条"行业类"重大事故隐患判定标准分别适用于冶金、有色、建材、机械、轻工、纺织、烟草7个行业的工贸企业；第十一条至第十三条"专项类"重大事故隐患判定标准分别适用于存在粉尘爆炸危险、使用液氨制冷和存在硫化氢、一氧化碳等中毒风险有限空间作业3个领域的相关工贸企业。

（2）冶金、有色以外的工贸企业中存在炼铁高炉，30吨以上的炼钢转炉、炼钢电弧炉、钢水精炼炉的，相关要求按照第四条冶金企业（一）、（二）、（四）、（五）、（六）、（七）、（八）项执行。

（3）有色以外的工贸企业中存在深井铸造工艺的，相关要求按照第五条有色企业（三）、（六）、（七）、（八）、（九）、（十）项执行。

第三条 工贸企业有下列情形之一的，应当判定为重大事故隐患：

（一）未对承包单位、承租单位的安全生产工作统一协调、管理，或者未定期进行安全检查的。

【解读】

判定情形：

（1）生产经营项目、场所发包或者出租给其他单位的，企业未与承包单位、承租单位签订专门的安全生产管理协议，或者未在承包合同、承租合同中约定各自的安全生产管理职责。

（2）生产经营项目、场所发包或者出租给其他单位的，企业与承包单位、承租单位签订的安全生产管理协议、承包合同、承租合同中，免除或者转嫁企业安全生产工作统一协调、管理义务。

（3）生产经营项目、场所发包或者出租给其他单位的，企业未按照安全生产规章制度或者协议、合同中的要求，定期对承包单位、承租单位进行安全检查，或者发现安全问题未督促整改。

（二）特种作业人员未按照规定经专门的安全作业培训并取得相应资格，上岗作业的。

【解读】

判定情形：

（1）企业使用未取得相应特种作业操作证的特种作业人员上岗作业。

（2）企业使用伪造特种作业操作证的特种作业人员上岗作业。

（3）企业使用特种作业操作证已过有效期或者到期未复审的特种作业人员上岗作业。

（三）金属冶炼企业主要负责人、安全生产管理人员未按照规定经考核合格的。

【解读】

判定情形：

金属冶炼企业主要负责人、安全生产管理人员任职之日起 6 个月后，未经相应的应急管理部门考核合格。

第四条 冶金企业有下列情形之一的，应当判定为重大事故隐患：

（一）会议室、活动室、休息室、操作室、交接班室、更衣室（含澡堂）等 6 类人员聚集场所，以及钢铁水罐冷（热）修工位设置在铁水、钢水、液渣吊运跨的地坪区域内的。

【解读】

1. 说明：

（1）"地坪区域"是指横向以铁水、钢水、液渣（以下简称"熔融金属"，冶金企业下同）吊运跨两侧立柱靠近熔融金属吊运侧的立柱边线为界，纵向以吊运跨两侧围墙为界的车间内零米地面区域。其中，横向是指吊运熔融金属起重机的小车运行方向；纵向是指吊运熔融金属起重机的大车运行方向（图4-1）。

"车间内零米地面区域"不包括架空层平台正下方被遮挡的区域，如转炉炉下钢水罐车、渣罐车行走区域。

（2）"操作室"包括控制室、检验室、化验室（冶金企业下同）。

2. 判定情形：

（1）炼钢厂、铁合金厂的会议室、活动室、休息室、操作室、交接班室、更衣室（含澡堂），设置在熔融金属吊运行走区域的正下方地坪区域。

注："正下方地坪区域"是指横向以吊运跨两侧立柱靠近熔融金属吊运侧的立柱边线为界，纵向以吊运跨最两端的铁水、钢水、液渣吊运工艺极限边界为界的车间地坪区域（图4-2）。

"吊运工艺极限边界"是指因生产工艺需要，铁水罐、钢水罐、液渣罐（包、盆）位于兑装位、倒罐位、钢包回转台、浇铸位或者地面轨道极限起吊点时，吊运跨纵向靠近最两端方向的罐（包、盆）外壁到达的垂直边界位置（冶金企业下同）。

炼钢连铸的铸余渣罐（包、盆）位于起吊点时的外壁不视为熔融金属吊运工艺极限边界。

（2）炼钢厂、铁合金厂的会议室、活动室、休息室、操作室、交接班室、更衣室（含澡堂），设置在熔融金属吊运跨距离吊运工艺极限边界50米以内的地坪区域（纵向两端方向，图4-3）。

（3）炼钢厂位于车间架空层平台的转炉操作室，其面向铁水吊运侧未采用实体墙完全封闭。

注："实体墙"是指砖墙、混凝土墙或者采用耐火材料砌（浇）筑的墙体（冶金企业下同）；"未采用实体墙完全封闭"是指操作室面向熔融金属吊运侧的出入门、观察窗未采用实体墙完全封闭（冶金企业下同）。

（4）炼钢厂架空层平台的 AOD 炉、VD 炉、VOD 炉的操作室，其面向铁水、钢水吊运侧未采用实体墙完全封闭的外墙，在铁水罐、钢水罐吊运跨靠近熔融金

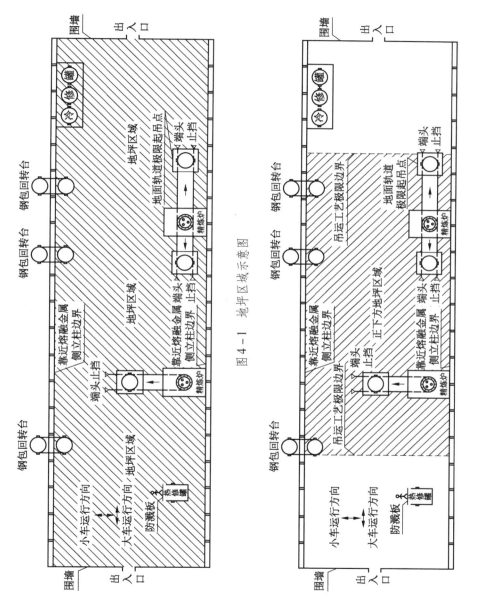

图 4-1 地坪区域示意图

图 4-2 正下方地坪区域示意图

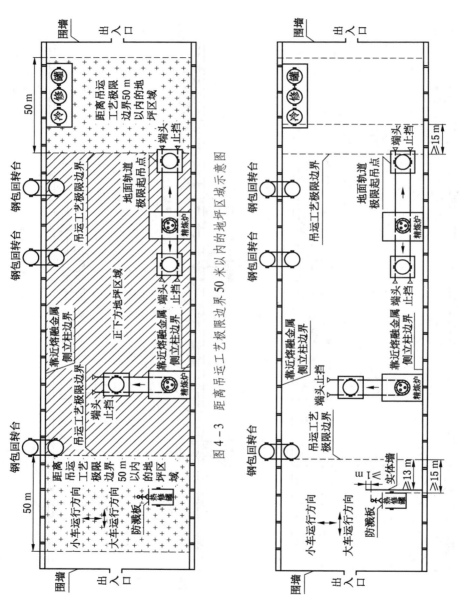

图 4-3 距离吊运工艺极限边界 50 米以内的地坪区域示意图

图 4-4 钢水罐冷（热）修工位和铁水罐冷修工位示意图

属吊运侧的立柱边线以内。

（5）炼钢厂连铸流程采用钢水罐水平连浇车或者钢包回转台单跨布置的连铸平台操作室，其面向钢水、液渣吊运侧未采用实体墙完全封闭的外墙，在连铸平台靠近熔融金属吊运侧的立柱边线以内。

注：面向钢水、液渣吊运侧包括正对连铸跨和面向钢水罐行走路线两个方向。

（6）炼钢厂钢水罐冷（热）修工位、铁水罐冷修工位设置在铁水、钢水、液渣吊运行走区域的正下方地坪区域内，或者设置在吊运跨纵向最两端时，未满足安全防护要求。

注："安全防护要求"是指钢水罐冷（热）修工位、铁水罐冷修工位的罐体外壁（靠近罐体吊运工艺极限边界一侧），与熔融金属吊运工艺极限边界间距大于等于15米；钢水罐热修工位靠近熔融金属吊运侧还需设置高度大于等于2米，宽度超出热修操作工位1米以上的实体墙（图4-4）；实体墙与吊运工艺极限边界的距离应大于等于13米。

（二）生产期间冶炼、精炼和铸造生产区域的事故坑、炉下渣坑，以及熔融金属泄漏和喷溅影响范围内的炉前平台、炉基区域、厂房内吊运和地面运输通道等6类区域存在积水的。

【解读】

1. 判定情形：

（1）生产期间炉前出铁场内距离高炉主沟、铁沟边沿3米以内区域，存在积水。

（2）生产期间炼钢渣跨、铁水预处理、转炉、电弧炉、感应炉、精炼炉、连铸、矿热炉的炉前作业平台和炉下事故坑、渣坑，以及厂房内的熔融金属吊运通道和厂房内的地面运输通道，存在积水。

（3）生产期间炼钢钢锭浇注坑内、浇注车运行轨道区域内，存在积水。

2. 除外情形：

（1）生产期间炉前出铁场内距离高炉主沟、铁沟边沿3米以内区域潮湿。

（2）生产期间炼钢渣跨、铁水预处理、转炉、电弧炉、感应炉、精炼炉、连铸、矿热炉的炉前作业平台和炉下事故坑、渣坑，以及厂房内的熔融金属吊运通道和厂房内的地面运输通道潮湿。

（3）生产期间用于收集（外排）检修和设备故障漏水以及工艺冷却水的排

水沟（槽）内积水保持流动状态。

（4）生产期间炼钢渣跨闷渣和电弧炉炉下热泼渣的排水沟（井）内积水保持流动状态。

（三）炼钢连铸流程未设置事故钢水罐、中间罐漏钢坑（槽）、中间罐溢流坑（槽）、漏钢回转溜槽，或者模铸流程未设置事故钢水罐（坑、槽）的。

【解读】

1. 判定情形：

（1）连铸流程未设置事故钢水罐、中间罐漏钢坑（槽）、中间罐溢流坑（槽）、漏钢回转溜槽。

（2）漏钢回转溜槽未按要求设置或者维护。

注：回转溜槽设置要求包括溜槽本体使用钢板焊接，内部使用耐火砖或者耐火材料砌筑，溜槽一端延伸至事故钢水罐上方，另一端应在不影响中间罐车正常行走情况下尽量靠近中间罐车本体一侧，且端头封闭；维护要求包括内部无堵塞、无积水。连铸机设置单侧漏钢回转溜槽即可。

（3）中间罐漏钢坑（槽）的应急储存容量小于中间罐满罐容量。

（4）钢锭模铸流程未设置事故钢水罐（槽、坑）。

注：钢锭浇注坑不得作为事故坑。

（5）连铸事故钢水罐或者钢锭模铸事故钢水罐（坑、槽）的应急储存容量小于钢水罐满罐容量。

2. 除外情形：

（1）使用钢水罐水平连浇车的连铸工艺，未设置漏钢回转溜槽。

（2）使用钢水罐水平连浇车的连铸工艺，其事故钢水罐设置在连铸平台下方的车间内零米地面。

（四）转炉、电弧炉、AOD 炉、LF 炉、RH 炉、VOD 炉等炼钢炉的水冷元件未设置出水温度、进出水流量差等监测报警装置，或者监测报警装置未与炉体倾动、氧（副）枪自动提升、电极自动断电和升起装置联锁的。

【解读】

1. 判定情形：

（1）转炉、AOD 炉的氧枪自动升起未与氧枪氧气压力、冷却水进水流量、出水温度、进出水流量差联锁；水冷副枪自动升起未与副枪冷却水进水流量、出水温度、进出水流量差联锁；炉体倾动未与水冷氧枪或者副枪的进出水流量差联锁。

（2）LF炉的水冷钢包盖，电弧炉水冷炉壁、水冷炉盖、水冷氧气顶枪、竖井水冷件，Consteel炉连接小车水套，未设置出水温度与进出水流量差监测报警装置，或者报警装置未与电极自动断电和升起联锁。

（3）电弧炉水冷氧气顶枪的出水温度与进出水流量差监测报警装置，未与顶枪自动提升和停止供氧联锁。

（4）VOD、CAS－OB、IR－UT、RH－KTB等精炼炉的水冷氧枪未设置进出水流量差监测报警装置，或者报警装置未与氧枪自动提升和停止供氧联锁。

2. 除外情形：

使用雾化水（压缩空气和水的混合物）冷却工艺，且设有雾化水循环供水水箱和实时监测水箱内水位差的电弧炉，未设置进出水流量差监测报警装置。

（五）高炉生产期间炉顶工作压力设定值超过设计文件规定的最高工作压力，或者炉顶工作压力监测装置未与炉顶放散阀联锁，或者炉顶放散阀的联锁放散压力设定值超过设备设计压力值的。

【解读】

1. 说明：

"设备设计压力值"是指设计文件规定的炉顶放散阀联锁自动放散的最大压力值。

2. 判定情形：

（1）生产期间炉顶工作压力设定值超过设计文件规定的最高工作压力设计值。

（2）生产期间炉顶放散阀未与炉顶工作压力联锁。

（3）生产期间炉顶放散阀的联锁放散压力设定值，超过设备设计压力值。

（4）炉顶放散阀阀盖拴拉固定。

3. 除外情形：

单座高炉的炉顶放散阀数量大于等于3个，生产期间至少有2个炉顶放散阀与炉顶工作压力联锁。

（六）煤气生产、回收净化、加压混合、储存、使用设施附近的会议室、活动室、休息室、操作室、交接班室、更衣室等6类人员聚集场所，以及可能发生煤气泄漏、积聚的场所和部位未设置固定式一氧化碳浓度监测报警装置，或者监测数据未接入 24 小时有人值守场所的。

【解读】

1. 说明：

（1）"煤气生产、回收净化、加压混合、储存、使用设施"是指高炉、转炉、焦炉、竖炉、竖窑、连铸、矿热炉、煤气除尘器、煤气柜、加压机、抽气机、混合装置和煤气加热炉、退火炉、预热炉、点火炉、干燥炉、热风炉、回转窑、发电设施。

（2）"可能发生煤气泄漏、积聚的场所和部位"是指焦炉地下室、加热炉地下室、退火炉地下室、煤气柜进出口管道地下室、煤气柜活塞上部、加压机房、抽气机房、排水器房、烘烤器、预热器、高炉风口及以上各层平台（炉顶大方孔以上各层平台除外）、高炉炉顶液压站（含封闭式油泵间、封闭式工具间）、热风炉煤气自动切断阀操作平台、喷煤干燥炉、煤粉制备间、煤气发电设施间（含 TRT 透平机隔音罩）、煤气除尘器卸灰平台、转炉炉口以上各层平台、真空精炼装置的水封池、机械真空泵房、煤气加热炉、煤气预热炉、煤气热处理炉、烧结球团主抽风机室、烧结点火炉、球团竖炉（回转窑）点火器、白灰竖窑（回转窑）点火器。

2. 判定情形：

（1）煤气生产、回收净化、加压混合、储存、使用设施附近的会议室、活动室、休息室、操作室、交接班室、更衣室未设置固定式一氧化碳浓度监测报警装置。

注：本项不适用厂区煤气输配管道旁侧设置的 6 类人员聚集场所。

（2）可能发生煤气泄漏、积聚的场所和部位，未设置固定式一氧化碳浓度监测报警装置。

（3）在本项明确的 6 类人员聚集场所、可能发生煤气泄漏积聚的场所和部位，设置的固定式一氧化碳浓度监测报警装置实时数据，未接入 24 小时有人值守场所。

3. 除外情形：

（1）会议室、活动室、休息室、操作室、交接班室、更衣室内部设置的无其他出入口、窗户的 6 类人员聚集场所，未设置固定式一氧化碳浓度监测报警装置。

（2）本项判定情形（1）明确的设施现场采取无人值守操作时，无人值守区域的会议室、活动室、休息室、操作室、交接班室、更衣室，未设置固定式一氧化碳浓度监测报警装置。

（3）煤气生产、回收净化、加压混合、储存、使用设施24小时有人值守操作室内的报警装置实时数据，未接入24小时有人值守场所。

（七）加热炉、煤气柜、除尘器、加压机、烘烤器等设施，以及进入车间前的煤气管道未安装隔断装置的。

【解读】

1. 说明：

"隔断装置"是指配置在煤气管道上，用于隔断煤气，具有可靠保持煤气不泄漏到隔离区域功能的装置统称。具有此功能的装置，可以是独立式或者组合式的。独立式隔断装置包括全封闭式眼镜阀、阀腔注水型双闸板切断阀、阀腔注水型NK阀；组合式隔断装置由蝶阀、闸阀、球阀等切断装置和眼镜阀、盲板、U/V型水封等共同组成。

2. 判定情形：

（1）加热炉、煤气柜、除尘器、加压机、烘烤器等煤气设施的煤气管道未设置隔断装置。

注：采用切断装置和盲板组合式隔断装置时应在堵盲板处设置撑铁。

高炉、转炉煤气净化系统涉及的重力除尘器、旋风除尘器、冷却器、喷淋塔、洗涤塔、环缝清洗塔、文氏管、脱水器的进出口煤气管道，按工艺特性不设隔断装置。

（2）进入车间前的入口煤气管道，未设置隔断装置。

3. 除外情形：

（1）转炉煤气净化系统负压工况的电除尘器进出口煤气管道未设置隔断装置。

（2）直径小于100毫米的煤气管道采用切断装置和盲板组合式隔断装置时，未在堵盲板处设置撑铁。

（八）正压煤气输配管线水封式排水器的最高封堵煤气压力小于30 kPa，或者同一煤气管道隔断装置的两侧共用一个排水器，或者不同煤气管道排水器上部的排水管连通，或者不同介质的煤气管道共用一个排水器的。

【解读】

1. 说明：

（1）"水封式排水器"，是指利用水柱高度克服煤气压力，将煤气管道中的冷凝水、积水等通过溢流方式自动排出的装置。根据排水器本体结构不同分为立式水封式排水器、卧式水封式排水器。

（2）"最高封堵煤气压力"，是指水封式排水器自身结构决定的能够封住管道中煤气的最高压力，一般用 kPa（国际单位）表示，也可用 mmH_2O（水柱高度）表示。

2. 判定情形：

（1）正压煤气输配管道水封式排水器的最高封堵煤气压力小于 30 kPa（3060 mmH_2O）。

（2）同一煤气输配管道隔断装置的两侧共用一个排水器。

（3）不同煤气管道排水器上部的排水管连通。

（4）不同介质的煤气管道共用一个排水器。

3. 除外情形：

（1）煤气柜柜底、柜体和转炉煤气柜后电除尘器底部的水封式排水器最高封堵煤气压力小于 30 kPa（3060 mmH_2O）。

（2）煤气抽气机进出口管道隔断装置两侧的正负压工况排液管共用水封井（罐）。

第五条 有色企业有下列情形之一的，应当判定为重大事故隐患：

（一）会议室、活动室、休息室、操作室、交接班室、更衣室（含澡堂）等6类人员聚集场所设置在熔融金属吊运跨的地坪区域内的。

【解读】

1. 说明：

（1）"熔融金属"是熔融态、液态有色金属和熔渣、液渣的统称。

（2）"地坪区域"是指横向以熔融金属吊运跨两侧立柱靠近熔融金属吊运侧的立柱边线为界，纵向以吊运跨两侧围墙为界的车间内零米地面区域。其中，横向是指吊运熔融金属起重机的小车运行方向；纵向是指吊运熔融金属起重机的大车运行方向。

（3）"操作室"包括控制室、检验室、化验室（有色企业下同）。

2. 判定情形：

（1）会议室、活动室、休息室、操作室、交接班室、更衣室（含澡堂）设置在吊运跨正下方地坪区域内。

注："正下方地坪区域"是指横向以吊运跨两侧立柱靠近熔融金属吊运侧的立柱边线为界，纵向以吊运跨最两端的熔融金属吊运工艺极限边界为界的车间地坪区域；"吊运工艺极限边界"是指因生产工艺需要，熔融金属罐（包、盆）位于兑装位、倒罐位、浇铸位或者地面轨道极限起吊点时，吊运跨纵向靠近最两端方向的罐（包、盆）外壁到达的垂直边界位置（有色企业下同，图5-1）。

（2）会议室、活动室、休息室、操作室、交接班室、更衣室（含澡堂）6类人员聚集场所设置在吊运跨地坪区域纵向最两端时未满足安全防护要求。

注："安全防护要求"是指会议室、活动室、休息室、操作室、交接班室、更衣室（含澡堂）6类人员聚集场所的外墙（靠近罐体吊运工艺极限边界一侧，有色企业下同），与熔融金属吊运工艺极限边界大于等于15米（图5-2）。

（3）生产工艺需要熔融金属罐（包、盆）进入厂房架空层平台时，平台上操作室面向熔融金属吊运侧未采用实体墙完全封闭的外墙，在吊运跨靠近熔融金属吊运侧的立柱边线以内。

注："实体墙"是指砖墙、混凝土墙或者采用耐火材料砌（浇）筑的墙体；"未采用实体墙完全封闭"是指操作室面向熔融金属吊运侧的出入门、观察窗未采用实体墙完全封闭。

（二）生产期间冶炼、精炼、铸造生产区域的事故坑、炉下渣坑，以及熔融金属泄漏、喷溅影响范围内的炉前平台、炉基区域、厂房内吊运和地面运输通道等6类区域存在非生产性积水的。

【解读】

1. 说明：

"生产性积水"是指必须与生产设备同步存在、同步运行，且暴露在生产现场的生产工艺操作必须性水源，如开路冷却水系统的收集水槽、水箱，深井铸造工艺的深井内部冷却水等。

2. 判定情形：

（1）生产期间冶炼、精炼、铸造生产区域的事故坑、炉下渣坑、炉前作业平台、炉基区域存在非生产性积水。

（2）生产期间厂房内熔融金属吊运通道和厂房内地面运输通道存在积水。

3. 除外情形：

（1）生产期间事故坑、炉下渣坑、炉前作业平台、炉基区域潮湿。

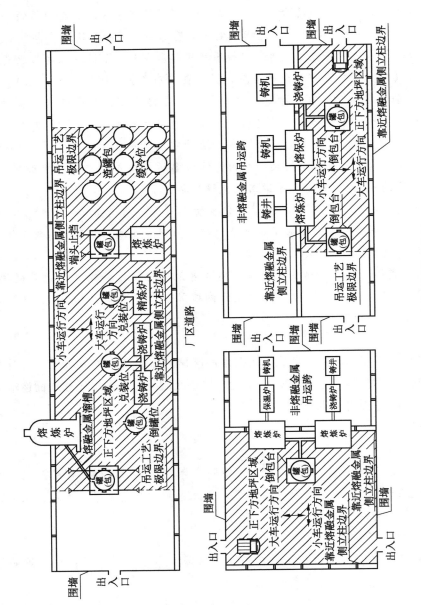

图 5 - 1　正下方地坪区域示意图

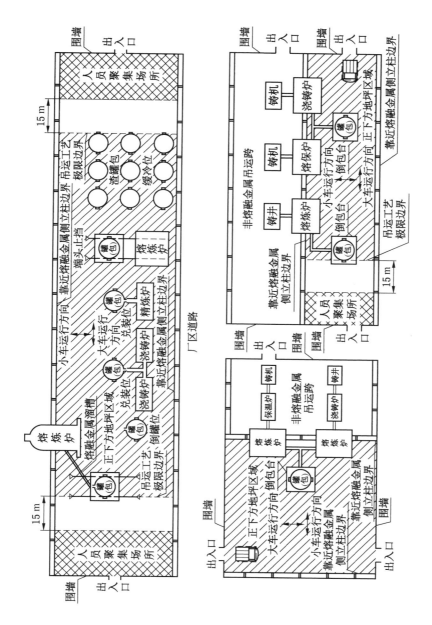

图 5 - 2　人员聚集场所示意图

（2）生产期间设置在冶炼、精炼、铸造生产区域，用于收集（外排）检修和设备故障漏水以及工艺冷却水的排水沟（槽）内积水保持流动状态。

（3）生产期间厂房内的熔渣、液渣缓冷场地存在积水。

（三）熔融金属铸造环节未设置紧急排放和应急储存设施的（倾动式熔炼炉、倾动式保温炉、倾动式熔保一体炉、带保温炉的固定式熔炼炉除外）；

【解读】

1. 判定情形：

（1）熔融金属深井铸造工艺的熔炼炉、保温炉、浇铸炉，未设置紧急排放和应急储存设施。

注："浇铸炉"是指与铸造深井通过流槽、分配流槽直接相连的浇铸炉组，包括保温炉（静置炉）、熔保一体炉，不包括单独具备熔炼功能的熔炼炉（有色企业下同）。

（2）熔融金属深井铸造工艺的固定式浇铸炉应急储存设施容量小于炉体额定装料量；多台固定式浇铸炉共用应急储存设施时，应急储存设施容量小于最大单炉炉体额定装料量。

2. 除外情形：

倾动式熔炼炉、倾动式保温炉、倾动式熔保一体炉，以及带保温炉的固定式熔炼炉，未设置紧急排放和应急储存设施。

（四）采用水冷冷却的冶炼炉窑、铸造机（铝加工深井铸造工艺的结晶器除外）、加热炉未设置应急水源的。

【解读】

1. 判定情形：

（1）采用水冷冷却的熔融金属冶炼炉窑、加热炉、铸造机未设置高位水塔（箱、池）、事故供水泵等应急供水设施。

（2）应急供水设施未设置应急电源。

注："应急电源"是指双回路供电、UPS电源、可自动转换的柴油发电机，或者其他具有同等级应急功能的动力源；高位水塔（箱、池）等通过重力自流作用实现应急供水的设施，不涉及应急电源（有色企业下同）。

2. 除外情形：

铝加工深井铸造工艺的结晶器未设置应急供水设施，或者应急供水设施未设置应急电源。

（五）熔融金属冶炼炉窑的闭路循环水冷元件未设置出水温度、进出水流量差监测报警装置，或者开路水冷元件未设置进水流量、压力监测报警装置，或者未监测开路水冷元件出水温度的。

【解读】

判定情形：

（1）熔融金属冶炼、熔炼、精炼炉窑的闭路循环水冷元件未设置出水温度、进出水流量差监测报警装置。

（2）熔融金属冶炼、熔炼、精炼炉窑的开路水冷元件未设置进水流量、压力监测报警装置。

注：出水温度、进水流量、进出水流量差、压力监测报警装置的设置，可以按熔融金属炉窑不同水冷元件的供水特点分区域、分类别设置，即不是每个水冷元件必须单独设置对应的监测报警装置。

（3）未对熔融金属冶炼、熔炼、精炼炉窑的开路水冷元件出水温度进行检测。

注：检测方式包括定期手动检测、在线实时监测。企业采取手动方式检测开路水冷元件出水温度时，应按管理制度或操作规程的要求进行检测，检测结果应有书面记录。

（六）铝加工深井铸造工艺的结晶器冷却水系统未设置进水压力、进水流量监测报警装置，或者监测报警装置未与快速切断阀、紧急排放阀、流槽断开装置联锁，或者监测报警装置未与倾动式浇铸炉控制系统联锁的。

【解读】

判定情形：

（1）结晶器冷却水系统未设置进水压力、进水流量监测报警装置。

（2）结晶器冷却水进水压力、进水流量监测报警信号，未与快速切断阀或者紧急排放阀联锁。

（3）结晶器冷却水进水压力、进水流量监测报警信号，未与流槽断开装置联锁。

（4）结晶器冷却水进水压力、进水流量监测报警信号，未与倾动式浇铸炉的倾动控制系统联锁。

（七）铝加工深井铸造工艺的浇铸炉铝液出口流槽、流槽与模盘（分配流槽）入口连接处未设置液位监测报警装置，或者固定式浇铸炉的铝液出口未设置机械锁紧装置的。

【解读】

判定情形：

（1）浇铸炉铝液出口流槽或者流槽与模盘（分配流槽）入口连接处，未设置液位监测报警装置。

注：铸造深井的每个结晶器（如扁锭生产，有色企业下同）或者模盘的每一个流道均设有液位监测报警装置，视同该浇铸炉的流槽与模盘（分配流槽）入口连接处，设置有液位监测报警装置。

（2）固定式浇铸炉的铝液出口，未设置机械锁紧装置。

（八）铝加工深井铸造工艺的固定式浇铸炉的铝液流槽未设置紧急排放阀，或者流槽与模盘（分配流槽）入口连接处未设置快速切断阀（断开装置），或者流槽与模盘（分配流槽）入口连接处的液位监测报警装置未与快速切断阀（断开装置）、紧急排放阀联锁的。

【解读】

判定情形：

（1）固定式浇铸炉的铝液流槽未设置紧急排放阀。

注：流槽与模盘（分配流槽）入口连接处设置断开装置的固定式浇铸炉，其铝液流槽可不设置紧急排放阀。

（2）固定式浇铸炉的流槽与模盘（分配流槽）入口连接处，未设置快速切断阀或者断开装置。

（3）固定式浇铸炉流槽与模盘（分配流槽）入口连接处的液位监测报警信号，未与快速切断阀、断开装置、紧急排放阀联锁。

注：铸造深井的每个结晶器或者模盘的每个流道均设有液位监测报警装置，且每个监测报警装置均与紧急排放阀、快速切断阀（断开装置）联锁的，视同固定式浇铸炉流槽与模盘（分配流槽）入口连接处设置有液位监测报警装置，且与快速切断阀、断开装置、紧急排放阀联锁。

（九）铝加工深井铸造工艺的倾动式浇铸炉流槽与模盘（分配流槽）入口连接处未设置快速切断阀（断开装置），或者流槽与模盘（分配流槽）入口连接处的液位监测报警装置未与浇铸炉倾动控制系统、快速切断阀（断开装置）联锁的。

【解读】

判定情形：

（1）倾动式浇铸炉的流槽与模盘（分配流槽）入口连接处，未设置快速切断阀或者断开装置。

（2）倾动式浇铸炉流槽与模盘（分配流槽）入口连接处的液位监测报警信号，未与快速切断阀或者断开装置联锁。

（3）倾动式浇铸炉流槽与模盘（分配流槽）入口连接处的液位监测报警信号，未与倾动控制系统联锁。

注：铸造深井的每个结晶器或者模盘的每个流道均设有液位监测报警装置，且每个报警装置均与快速切断阀（断开装置）、倾动控制系统联锁的，视同倾动式浇铸炉流槽与模盘（分配流槽）入口连接处设置有液位监测报警装置，且与快速切断阀（断开装置）、浇铸炉倾动控制系统联锁。

（4）液位监测报警装置、紧急排放阀、快速切断阀、断开装置，未设置应急电源。

（十）铝加工深井铸造机钢丝卷扬系统选用非钢芯钢丝绳，或者未落实钢丝绳定期检查、更换制度的。

【解读】

判定情形：

（1）钢丝卷扬系统选用非钢芯钢丝绳。

（2）未按照钢丝绳定期检查和更换制度要求，对钢丝绳进行定期检查。

注：定期检查周期至少每月 1 次。

（3）钢丝绳应报废的仍然继续使用。

（十一）可能发生一氧化碳、砷化氢、氯气、硫化氢等 4 种有毒气体泄漏、积聚的场所和部位未设置固定式气体浓度监测报警装置，或者监测数据未接入 24 小时有人值守场所，或者未对可能有砷化氢气体的场所和部位采取同等效果的检测措施的。

【解读】

1. 说明：

（1）"可能发生一氧化碳气体泄漏、积聚的场所和部位"是指各种煤气发生设施附近；涉及煤气的各类地下室、加压站；使用煤气的热风炉、焙烧炉、干燥炉等；以焦碳（碳粉、煤粉）为燃料或还原剂的生产环节，如烟化炉、阳极炉等；高钛渣冶炼、镍火法冶炼、硅冶炼用的电炉、全密闭矿热炉的煤气净化、回收、储存、输配与使用区域。

（2）"可能发生砷化氢气体泄漏、积聚的场所和部位"是指铅锌冶炼中的酸浸工序、净液工序、海绵镉工序、铟置换工序等；铜冶炼中的电解液净化工序、烟尘回收的铜电积工序；锡冶炼中的除杂工序等。

（3）"可能发生氯气泄漏、积聚的场所和部位"是指贵金属生产的液氯储存、汽化间；氯化分金工序（分金釜、一次还原釜、二次还原釜等）及沉钯等工序；锗生产的液氯储存、汽化间；氯化工序、精馏（复蒸）等工序；铅铋精炼工序中的液氯氯化精炼工艺（如铋氯化精炼锅）。

（4）"可能发生硫化氢气体泄漏、积聚的场所和部位"是指采用硫化石膏法脱砷工艺污水处理系统（如在废酸中加入硫化钠或硫氢化钠产生硫化氢、用水电解制氢并与硫磺反应生产硫化氢、甲醇裂解制氢并与硫磺反应生产硫化氢等）；硫化钠、硫氢化钠储存地点（如硫化钠、硫氢化钠与酸同库储存或受潮产生硫化氢）。

2. 判定情形：

（1）可能发生一氧化碳、砷化氢、氯气、硫化氢气体泄漏、积聚的场所和部位，未设置固定式气体浓度监测报警装置。

（2）本项明确的可能发生一氧化碳、砷化氢、氯气、硫化氢4种气体泄漏、积聚场所和部位的固定式气体浓度监测报警装置实时数据，未接入24小时有人值守场所。

注：非24小时连续生产的企业，现场固定式气体浓度监测报警装置的实时数据，应当接入生产期间有人值守的场所。

（3）可能出现砷化氢气体泄漏、积聚且未设置固定式气体浓度监测报警装置的场所和部位，未使用溴化汞（氯化汞）试纸检测砷化氢气体浓度。

3. 除外情形：

可能发生砷化氢气体泄漏、积聚的场所和部位使用溴化汞（氯化汞）试纸检测砷化氢气体浓度。

（十二）使用煤气（天然气）并强制送风的燃烧装置的燃气总管未设置压力

监测报警装置，或者监测报警装置未与紧急自动切断装置联锁的。

【解读】

1. 说明：

"使用煤气（天然气）并强制送风的燃烧装置"，是指采用风机供给助燃空气的点火炉、回转窑、竖炉、竖窑、干燥窑、烟气炉，以及熔融金属罐（包、盆）烘烤器、冶炼炉、熔炼炉、精炼炉、保温炉、熔保炉，加热炉、退火炉、热处理炉等煤气（天然气）单体燃气设备。

2. 判定情形：

（1）使用煤气（天然气）并采用强制送风燃烧装置的煤气（天然气）入口总管道，未设置止回装置或者紧急自动切断装置。

（2）使用煤气（天然气）单体燃气设备的入口总管道紧急自动切断装置，未与燃气入口总管道低压监测装置联锁。

（十三）正压煤气输配管线水封式排水器的最高封堵煤气压力小于 30 kPa，或者同一煤气管道隔断装置的两侧共用一个排水器，或者不同煤气管道排水器上部的排水管连通，或者不同介质的煤气管道共用一个排水器的。

【解读】

1. 说明：

"最高封堵煤气压力"是指水封式排水器自身结构决定的能够封住管道中煤气的最高压力，一般用 kPa（国际单位）表示，也可用 mmH_2O（水柱高度）表示。

2. 判定情形：

（1）正压煤气输配管道水封式排水器的最高封堵煤气压力小于 30 kPa（3060 mmH_2O）。

（2）同一煤气输配管道隔断装置的两侧共用一个排水器。

（3）不同煤气管道排水器上部的排水管连通。

3. 除外情形：

（1）煤气柜柜底水封式排水器最高封堵煤气压力小于 30 kPa（3060 mmH_2O）。

（2）煤气抽气机进出口管道隔断装置两侧的正负压工况排液管共用水封井（罐）。

第六条 建材企业有下列情形之一的，应当判定为重大事故隐患：

（一）煤磨袋式收尘器、煤粉仓未设置温度和固定式一氧化碳浓度监测报警装置，或者未设置气体灭火装置的。

【解读】

判定情形：

（1）煤磨袋式收尘器的灰斗或者进、出风口未设置温度监测报警装置。

（2）煤粉仓锥体未设置温度监测报警装置。

（3）煤磨袋式收尘器出风口未设置固定式一氧化碳浓度监测报警装置。

（4）煤粉仓未设置固定式一氧化碳浓度监测报警装置。

（5）煤磨袋式收尘器或者煤粉仓未设置气体灭火装置，或者气体灭火装置未同时设有自动控制、手动控制和机械应急操作三种启动方式。

（二）筒型储库人工清库作业未落实清库方案中防止高处坠落、坍塌等安全措施的。

【解读】

判定情形：

（1）筒型储存库人工清库作业未制定清库方案。

（2）筒型储存库人工清库方案缺少防止高处坠落、坍塌、掩埋窒息等事故的安全措施。

（3）筒型储存库人工清库作业时未落实防止高处坠落、坍塌、掩埋窒息等事故的安全措施。

（三）水泥企业电石渣原料筒型储库未设置固定式可燃气体浓度监测报警装置，或者监测报警装置未与事故通风装置联锁的。

【解读】

判定情形：

（1）水泥企业电石渣原料筒型库库顶最高处未设置能够监测乙炔气体浓度的固定式可燃气体浓度监测报警装置。

（2）水泥企业电石渣原料筒型库未设置事故通风装置。

（3）水泥企业电石渣原料筒型库固定式可燃气体监测报警装置未与事故通风装置联锁。

（四）进入筒型储库、焙烧窑、预热器旋风筒、分解炉、竖炉、篦冷机、磨机、破碎机前，未对可能意外启动的设备和涌入的物料、高温气体、有毒有害气体等采取隔离措施，或者未落实防止高处坠落、坍塌等安全措施的。

【解读】

判定情形：

（1）进入筒型储库、篦冷机、磨机、破碎机内作业时，未在配电室切断设备电源并上锁、挂牌。

（2）进入筒型储库、焙烧窑、预热器旋风筒、分解炉、竖炉、篦冷机、磨机等作业时，未关闭防止物料涌入、高温或有毒有害气体进入的阀门、闸板，并断电、上锁、挂牌。

（3）筒型储库、焙烧窑、预热器旋风筒、分解炉、竖炉、篦冷机内作业时，未采取防止作业面上方物料坍塌伤人措施，或者未落实防止高处坠落措施。

（五）采用预混燃烧方式的燃气窑炉（热发生炉煤气窑炉除外）的燃气总管未设置管道压力监测报警装置，或者监测报警装置未与紧急自动切断装置联锁的。

【解读】

1. 说明：

"燃气总管"是指供应单台燃气窑炉全部燃气的管道。

2. 判定情形：

（1）采用预混、部分预混燃烧方式的燃气窑炉的燃气总管未设置压力监测报警装置。

（2）采用预混、部分预混燃烧方式的燃气窑炉的燃气总管未设置紧急自动切断阀。

（3）采用预混、部分预混燃烧方式的燃气窑炉燃气总管的紧急自动切断阀未与压力监测报警装置联锁。

3. 除外情形：

采用扩散燃烧方式的燃气窑炉；热发生炉煤气窑炉。

（六）制氢站、氮氢保护气体配气间、燃气配气间等3类场所未设置固定式可燃气体浓度监测报警装置的。

【解读】

判定情形：

（1）制氢站、氮氢保护气体配气间未设置能够监测氢气浓度的固定式可燃气体浓度监测报警装置。

（2）燃气配气间未设置固定式可燃气体浓度监测报警装置。

（七）电熔制品电炉的水冷设备失效的。

【解读】

判定情形：

电熔制品电炉的水冷设备漏水。

（八）玻璃窑炉、玻璃锡槽等设备未设置水冷和风冷保护系统的监测报警装置的。

【解读】

判定情形：

（1）玻璃窑炉、玻璃锡槽的水冷设备进水总管未设置水流量监测报警装置，也未设置压力监测报警装置。

（2）玻璃窑炉的前脸水包，玻璃锡槽的锡液冷却水包、唇砖水包等水冷设备未设置出水温度监测报警。

（3）玻璃窑炉的池壁风机、钢碹碴风机、L吊墙风机、玻璃锡槽的槽底风机等风冷保护设备未设置停机报警装置。

第七条 机械企业有下列情形之一的，应当判定为重大事故隐患：

（一）会议室、活动室、休息室、更衣室、交接班室等5类人员聚集场所设置在熔融金属吊运跨或者浇注跨的地坪区域内的。

【解读】

1. 说明：

（1）"吊运跨"是指熔炼作业区所属的熔融金属吊运行走途经的厂房两端柱距（围墙）及跨度区域（图7-1）。

（2）"浇注跨"是指在浇注作业区所属的熔融金属吊运行走途经的厂房两端柱距（围墙）及跨度区域（图7-1）。

（3）"地坪区域"是指横向以熔融金属吊运跨或者浇注跨两侧立柱靠近熔融金属吊运侧的立柱边线为界，纵向以吊运跨或者浇注跨两端围墙为界的车间内正负零面区域。其中，"横向"是指吊运熔融金属起重机的小车运行方向；"纵向"是指吊运熔融金属起重机的大车运行方向（图7-2）；"正负零面区域"不包括

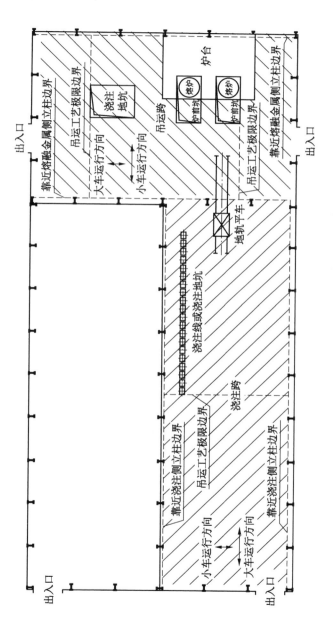

图 7-1 吊运跨、浇注跨示意图

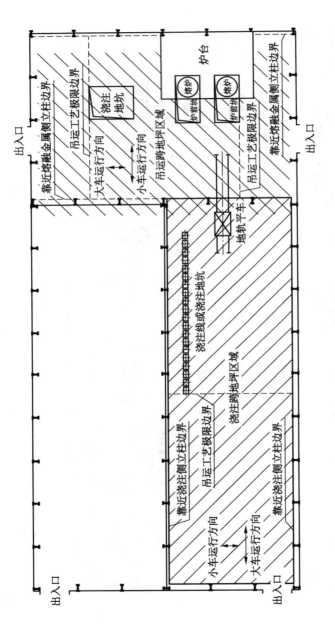

图 7-2 吊运跨、浇注跨地坪区域示意图

架空层平台正下方被遮挡的区域。

2. 判定情形：

（1）会议室、活动室、休息室、更衣室、交接班室，设置在熔融金属吊运跨的正下方地坪区域内。

注："正下方地坪区域"是指横向以吊运行走跨度两侧立柱靠近熔融金属吊运侧的立柱边线为界，纵向以熔融金属吊运工艺极限边界为界的地坪区域（图7-3）。

（2）会议室、活动室、休息室、更衣室、交接班室，设置在熔融金属浇注跨的正下方地坪区域内。

（3）位于熔融金属吊运架空层平台下方，在吊运跨或者浇注跨两侧立柱边界以内的会议室、活动室、休息室、更衣室、交接班室，面向熔融金属吊运一侧，未采取实体墙完全封闭的。

注："实体墙"是指砖墙、混凝土墙或者采用耐火材料砌（浇）筑的墙体。

（二）铸造用熔炼炉、精炼炉、保温炉未设置紧急排放和应急储存设施的。

【解读】

1. 判定情形：

（1）铸造用熔炼炉、精炼炉、保温炉，未设置紧急排放和应急储存设施。

（2）铸造用熔炼炉、精炼炉、保温炉的应急储存设施容积小于炉体最大容量。

（3）两台或者两台以上熔炼炉、精炼炉、保温炉共用应急储存设施，其容量小于各熔炼炉、精炼炉、保温炉炉体容量之和。

2. 除外情形：

有色合金铸造用机边炉未设置紧急排放和应急储存设施。

（三）生产期间铸造用熔炼炉、精炼炉、保温炉的炉底、炉坑和事故坑，以及熔融金属泄漏、喷溅影响范围内的炉前平台、炉基区域、造型地坑、浇注作业坑和熔融金属转运通道等8类区域存在积水的。

【解读】

1. 判定情形：

（1）生产期间铸造用熔炼炉、精炼炉、保温炉的炉底、炉坑，事故坑内部，以及熔融金属泄漏、喷溅影响范围内的炉前平台、炉基区域存在积水。

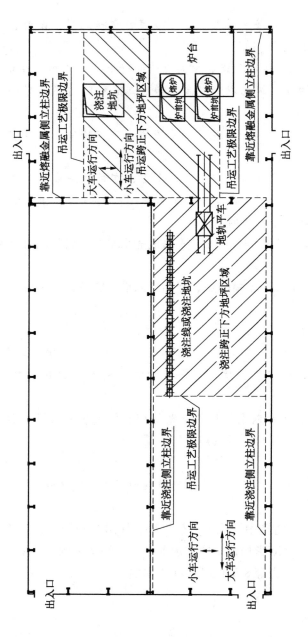

图 7 – 3　吊运跨、浇注跨正下方地坪区域示意图

（2）生产期间造型地坑、浇注作业坑存在积水。

（3）生产期间熔融金属转运通道正下方平面及其周边3米区域内存在积水。

（4）在架空层通过固定轨道转运熔融金属时，架空层表面存在积水。

2. 除外情形：

（1）生产期间事故坑以及熔融金属泄漏、喷溅影响范围内的炉前平台、造型地坑、浇注作业坑和熔融金属转运通道潮湿。

（2）生产期间设置在熔炼、精炼、铸造生产区域，用于收集、外排检修和设备故障漏水以及工艺冷却水的排水沟（槽）内积水保持流动状态。

（四）铸造用熔炼炉、精炼炉、压铸机、氧枪的冷却水系统未设置出水温度、进出水流量差监测报警装置，或者监测报警装置未与熔融金属加热、输送控制系统联锁的。

【解读】

1. 判定情形：

（1）铸造用熔炼炉、精炼炉冷却水系统未设置出水温度监测报警装置，或者出水温度监测报警装置未与熔融金属加热系统联锁。

（2）铸造用熔炼炉、精炼炉冷却水系统未设置进出水流量差监测报警装置，或者进出水流量差监测报警装置未与熔融金属加热系统联锁。

（3）用于压铸机模温控制的冷却水系统未设置出水温度监测报警装置，或者出水温度监测报警装置未与熔融金属输送控制系统联锁。

（4）用于压铸机模温控制的冷却水系统未设置进出水流量差监测报警装置（或者等效的测漏报警装置，如水压监测报警装置），或者进出水流量差监测报警装置（或者等效的测漏报警装置，如水压监测报警装置）未与熔融金属输送控制系统联锁。

（5）氧枪的冷却水系统未设置出水温度监测报警装置，或者出水温度监测报警装置未与氧气输送控制系统联锁。

（6）氧枪的冷却水系统未设置进出水流量差监测报警装置，或者进出水流量差监测报警装置未与氧气输送控制系统联锁。

2. 除外情形：

（1）有色合金铸造用机边熔保一体炉，未设置出水温度、进出水流量差监测报警装置，或者监测报警装置未与熔融金属加热、输送控制系统联锁；

（2）用于非镁合金压铸且锁模力小于2000吨（含）、开合模区域设有安全门或者安全挡板的压铸机，用于模温控制的冷却水系统未设置出水温度、进出水流量差监测报警装置，或者监测报警装置未与熔融金属输送控制系统联锁。

（五）使用煤气（天然气）的燃烧装置的燃气总管未设置管道压力监测报警装置，或者监测报警装置未与紧急自动切断装置联锁，或者燃烧装置未设置火焰监测和熄火保护系统的。

【解读】

1. 说明：

"燃烧装置的燃气总管"是指以煤气（天然气）为燃料的烘烤器、熔炼炉、精炼炉、保温炉、加热炉、退火炉、热处理炉等单台设备的煤气（天然气）入口总管道。

2. 判定情形：

（1）使用煤气（天然气）的燃烧装置的燃气总管未设置管道压力监测报警装置。

（2）使用煤气（天然气）的燃烧装置的燃气总管的压力监测报警装置未与紧急自动切断装置联锁。

（3）使用煤气（天然气）的燃烧装置未设置火焰监测和熄火保护系统。

（六）使用可燃性有机溶剂清洗设备设施、工装器具、地面时，未采取防止可燃气体在周边密闭或者半密闭空间内积聚措施的。

【解读】

判定情形：

（1）使用可燃性有机溶剂清洗设备设施、工装器具、地面时，未采取机械通风等措施防止可燃气体在密闭空间或者半密闭空间内积聚。

（2）使用可燃性有机溶剂清洗设备设施、工装器具、地面时，未采取隔离、封堵等措施防止可燃气体逸散到周边密闭或者半密闭空间内。

（七）使用非水性漆的调漆间、喷漆室未设置固定式可燃气体浓度监测报警装置或者通风设施的。

【解读】

1. 说明：

"水性漆"即水性涂料，是指挥发物的主要成分为水的一类涂料。

2. 判定情形：

（1）使用非水性漆的调漆间、喷漆室未设置固定式可燃气体浓度监测报警。

（2）使用非水性漆的调漆间、喷漆室未设置通风设施。

（3）使用非水性漆的调漆间、喷漆室的通风换气次数小于 15 次／小时。

注："换气次数"是指单位时间内室内空气的更换次数，即通风量与房间容积的比值。

第八条 轻工企业有下列情形之一的，应当判定为重大事故隐患：

（一）食品制造企业烘制、油炸设备未设置防过热自动切断装置的。

【解读】

1. 说明：

"防过热自动切断装置"是指当加热温度超过要求时，可以自动切断电源或者燃气等供热源的装置。

2. 判定情形：

（1）食品制造企业烘制设备未设置防过热自动切断装置。

（2）食品制造企业油炸设备未设置防过热自动切断装置。

（二）白酒勾兑、灌装场所和酒库未设置固定式乙醇蒸气浓度监测报警装置，或者监测报警装置未与通风设施联锁的。

【解读】

1. 说明：

"酒库"是指采用陶坛、橡木桶或者金属储罐等容器存放白酒的室内场所，包括人工洞酒库。

2. 判定情形：

（1）白酒生产企业的白酒勾兑、灌装场所和酒库未设置固定式乙醇蒸气浓度监测报警装置。

（2）白酒生产企业的白酒勾兑、灌装场所和酒库未设置机械通风设施。

（3）白酒生产企业的白酒勾兑、灌装场所和酒库固定式乙醇蒸气浓度监测报警装置未与通风设施联锁。

3. 除外情形：

制（酿）酒车间用于临时储存或者中转的酒库；半敞开式酒库。

（三）纸浆制造、造纸企业使用蒸气、明火直接加热钢瓶汽化液氯的。

【解读】

判定情形：

（1）纸浆制造、造纸企业使用蒸气直接加热钢瓶汽化液氯。

（2）纸浆制造、造纸企业使用明火直接加热钢瓶汽化液氯。

（四）日用玻璃、陶瓷制造企业采用预混燃烧方式的燃气窑炉（热发生炉煤气窑炉除外）的燃气总管未设置管道压力监测报警装置，或者监测报警装置未与紧急自动切断装置联锁的。

【解读】

1. 说明：

"燃气总管"是指供应单体燃气窑炉全部燃气的管道。

2. 判定情形：

（1）日用玻璃、陶瓷制造企业采用预混、部分预混燃烧方式的燃气窑炉的燃气总管未设置管道压力监测报警装置。

（2）燃气窑炉的燃气总管未设置紧急自动切断装置。

（3）燃气总管的管道压力监测报警装置未与紧急自动切断装置联锁。

3. 除外情形：

采用扩散燃烧方式的燃气窑炉；热发生炉煤气窑炉。

（五）日用玻璃制造企业玻璃窑炉的冷却保护系统未设置监测报警装置的。

【解读】

判定情形：

（1）日用玻璃制造企业玻璃窑炉未设置冷却保护系统。

（2）日用玻璃制造企业玻璃窑炉使用水冷保护系统的，进水总管未设置水流量监测报警装置，也未设置压力监测报警装置。

（3）日用玻璃制造企业玻璃窑炉使用风冷保护系统的，未设置风机停机监测报警装置。

（六）使用非水性漆的调漆间、喷漆室未设置固定式可燃气体浓度监测报警装置或者通风设施的。

【解读】

1. 说明：

"水性漆"即水性涂料，是指挥发物的主要成分为水的一类涂料。

2. 判定情形：

（1）使用非水性漆的调漆间、喷漆室未设置固定式可燃气体浓度监测报警。

（2）使用非水性漆的调漆间、喷漆室未设置通风设施。

（3）使用非水性漆的调漆间、喷漆室的通风换气次数小于15次/小时。

注："换气次数"是指单位时间内室内空气的更换次数，即通风量与房间容积的比值。

（七）锂离子电池储存仓库未对故障电池采取有效物理隔离措施的。

【解读】

1. 说明：

（1）"故障电池"是指单体电池电压大于3伏特，存在胀气、短路、破损、过充电等安全缺陷的电池，不包括持续浸泡在水中的电池。

（2）"物理隔离措施"是指通过实体墙、防爆柜、铁皮柜、单独集装箱、防火卷帘等方式，将故障电池与非故障电池隔离的措施。

2. 判定情形：

锂离子电池储存仓库存放故障电池时，未对故障电池采取物理隔离措施。

第九条 纺织企业有下列情形之一的，应当判定为重大事故隐患：

（一）纱、线、织物加工的烧毛、开幅、烘干等热定型工艺的汽化室、燃气贮罐、储油罐、热媒炉，未与生产加工等人员聚集场所隔开或者单独设置的。

【解读】

1. 说明：

（1）"隔开"是指汽化室、燃气贮罐、储油罐、热媒炉等安全风险较高的设备设施设置在生产厂房内的独立房间内，与人员聚集场所分开。

（2）"单独设置"是指汽化室、燃气贮罐、储油罐、热媒炉等安全风险较高的设备设施设置在生产厂房外，与生产厂房内的人员聚集场所分开。

2. 判定情形：

纱、线、织物加工的烧毛、开幅、烘干等热定型工艺的汽化室、燃气贮罐、储油罐、热媒炉，未与生产加工等人员聚集场所隔开或者单独设置。

（二）保险粉、双氧水、次氯酸钠、亚氯酸钠、雕白粉（吊白块）与禁忌物料混合储存，或者保险粉储存场所未采取防水防潮措施的。

【解读】

1. 说明：

"禁忌物料"是指容易发生化学反应或者灭火方法不同的物品。保险粉（连二亚硫酸钠）、雕白粉（吊白块，次硫酸氢钠甲醛）与酸类物质、氧化剂接触，或者双氧水（过氧化氢水溶液）、次氯酸钠、亚氯酸钠与还原剂接触，易发生强烈的氧化还原反应，释放热量和有毒物质。

2. 判定情形：

（1）保险粉、双氧水、次氯酸钠、亚氯酸钠、雕白粉（吊白块）与禁忌物料混合储存。

（2）保险粉露天堆放。

（3）储存保险粉的室内场所未采取防水防潮措施。

第十条 烟草企业有下列情形之一的，应当判定为重大事故隐患：

（一）熏蒸作业场所未配备磷化氢气体浓度监测报警仪器，或者未配备防毒面具，或者熏蒸杀虫作业前未确认无关人员全部撤离熏蒸作业场所的。

【解读】

1. 说明：

"熏蒸作业场所"是指使用磷化铝（镁）杀虫剂，运用熏蒸方式对烟草虫害进行治理的作业场所。

2. 判定情形：

（1）熏蒸作业时，未配备和使用磷化氢气体浓度监测报警仪器。

（2）熏蒸施药、检查、散气作业时，未配备和使用与磷化氢气体性质相匹配的防毒面具。

（3）熏蒸施药作业前，未确认无关人员全部撤离熏蒸作业场所。

（二）使用液态二氧化碳制造膨胀烟丝的生产线和场所未设置固定式二氧化碳浓度监测报警装置，或者监测报警装置未与事故通风设施联锁的。

【解读】

1. 说明：

"生产线和场所"是指使用液态二氧化碳制造膨胀烟丝的浸渍器、压缩机，以及储存液态二氧化碳的储罐、工艺罐、回收罐的所在区域。

2. 判定情形：

（1）使用液态二氧化碳制造膨胀烟丝的生产线和场所，未设置固定式二氧化碳浓度监测报警装置。

（2）使用液态二氧化碳制造膨胀烟丝的生产线和场所，未设置事故通风设施。

（3）固定式二氧化碳浓度监测报警装置未与事故通风设施联锁。

第十一条 存在粉尘爆炸危险的工贸企业有下列情形之一的，应当判定为重大事故隐患：

（一）粉尘爆炸危险场所设置在非框架结构的多层建（构）筑物内，或者粉尘爆炸危险场所内设有员工宿舍、会议室、办公室、休息室等人员聚集场所的。

【解读】

1. 说明：

"粉尘爆炸危险场所"是指存在可燃性粉尘和气态氧化剂（主要是空气）的场所。

2. 判定情形：

（1）粉尘爆炸危险场所设置在砖混、砖木、砖拱等非框架结构的多层建（构）筑物内。

（2）粉尘爆炸危险场所内设置了可能存在人员聚集的员工宿舍、会议室、办公室、休息室等。

（二）不同类别的可燃性粉尘、可燃性粉尘与可燃气体等易加剧爆炸危险的介质共用一套除尘系统，或者不同建（构）筑物、不同防火分区共用一套除尘系统、除尘系统互联互通的。

【解读】

1. 说明：

"防火分区"是指在建筑内部采用防火墙、楼板及其他防火分隔设施分隔而成，能在一定时间内防止火灾向同一建筑的其余部分蔓延的局部空间。

2. 判定情形：

（1）混合后可能发生加剧爆炸危险反应的不同类别粉尘共用一套除尘系统。

（2）可燃性粉尘与可燃气体（含蒸气）共用一套除尘系统。

（3）两栋或者两栋以上独立的建（构）筑物内产尘点共用一套除尘系统。

（4）同一建（构）筑物不同防火分区的产尘点共用一套除尘系统。

（5）不同建构筑物、不同防火分区的除尘系统通过除尘管道、出风管、风机相联通。

注：木制品加工企业用于除尘，带有刮板功能的方形管道视为除尘风管。

3. 除外情形：

（1）因生产工艺原因，同一部位可燃性粉尘与可燃性气体共生、伴生。

（2）工贸企业中因谷物磨制、淀粉和饲料加工等生产工艺需要，除尘系统纵向跨越不同防火分区但按工艺流程独立设置的。

（3）两个或者两个以上防火分区的除尘系统设置了锁气卸灰装置通过输灰管道互相联通的。

（4）两个或者两个以上防火分区的除尘系统风机后共用一个排气烟囱的。

（三）干式除尘系统未采取泄爆、惰化、抑爆等任一种爆炸防控措施的。

【解读】

1. 说明：

"干式除尘系统"是指采用袋式除尘器或者旋风除尘器的干式除尘系统。

2. 判定情形

（1）干式除尘系统除尘器箱体未采取泄爆、惰化、抑爆等任一种控爆措施。

（2）干式除尘系统仅采用观察窗、清扫孔、检修孔作为泄爆措施。

（3）干式除尘系统采取气体惰化措施时，未采取氧含量在线监测报警措施。

（4）干式除尘系统采取抑爆措施时，抑爆装置所使用的抑爆剂不适用于所处理的粉尘。

3. 除外情形：

（1）设置在生产设备设施本体上的除尘装置。

（2）喷砂机、抛丸机、静电喷涂工艺专门用于固、气分离，收集喷砂、钢丸、静电喷涂粉的旋风除尘器。

（3）已采取控爆措施的两级及以上干式除尘系统，用于收集较大颗粒粉尘的一级旋风除尘器。

（四）铝镁等金属粉尘除尘系统采用正压除尘方式，或者其他可燃性粉尘除尘系统采用正压吹送粉尘时，未采取火花探测消除等防范点燃源措施的。

【解读】

判定情形

（1）铝、镁、锌、钛等金属或者金属合金产生的可燃性粉尘除尘系统采用正压除尘方式。

（2）其他可燃性粉尘除尘系统采用正压吹送粉尘时，未在风机与除尘器箱体之间采取火花探测及消除等防范点燃源措施。

（五）除尘系统采用重力沉降室除尘，或者采用干式巷道式构筑物作为除尘风道的。

【解读】

1. 说明：

"重力沉降室"是指粉尘在重力作用下沉降而被分离的一种惯性除尘器。

2. 判定情形：

（1）除尘系统采用重力沉降室除尘。

（2）除尘系统采用砖混或者混凝土砌筑的干式巷道作为除尘风道。

3. 除外情形：

纺织企业采用的除尘地沟。

（六）铝镁等金属粉尘、木质粉尘的干式除尘系统未设置锁气卸灰装置的。

【解读】

1. 说明：

"锁气卸灰装置"是指安装在除尘器的灰仓底部，给除尘器排灰的设备。应用较多的锁气卸灰装置有星型卸灰阀、双层闸板阀等。

2. 判定情形：

（1）铝、镁、锌、钛等金属或者金属合金产生的可燃性粉尘干式除尘系统未设置锁气卸灰装置。

（2）木质粉尘干式除尘系统未设置锁气卸灰装置。

（七）除尘器、收尘仓等划分为 20 区的粉尘爆炸危险场所电气设备不符合防爆要求的。

【解读】

1. 说明：

"20 区"是指爆炸性粉尘环境持续、长期或者频繁出现的区域。

2. 判定情形：

（1）被划分为 20 区的除尘器、收尘仓等粉尘爆炸危险场所内未采用适用的粉尘防爆型电气设备。

（2）20 区防爆电气线路安装不符合防爆要求。

（八）粉碎、研磨、造粒等易产生机械点燃源的工艺设备前，未设置铁、石等杂物去除装置，或者木制品加工企业与砂光机连接的风管未设置火花探测消除装置的。

【解读】

1. 说明：

杂物去除装置主要有永磁铁、永磁筒、电磁铁、筛网、气动分离器、去石机、去石筛、风选机等。

2. 判定情形：

（1）粉碎、研磨、造粒等易产生机械点燃源的工艺设备前，未设置铁、石等杂物去除装置。

（2）木制品加工企业与砂光机连接的风管未设置火花探测消除装置。

注：火花探测消除装置应安装在与砂光机连接的除尘器主进风管，或者安装在与每台砂光机连接的支风管。

（九）遇湿自燃金属粉尘收集、堆放、储存场所未采取通风等防止氢气积聚措施，或者干式收集、堆放、储存场所未采取防水、防潮措施的。

【解读】

判定情形：

（1）铝粉、镁粉、铝镁合金粉等遇湿自燃金属粉尘收集、堆放、储存场所未采取通风等防止氢气积聚措施。

（2）铝粉、镁粉、铝镁合金粉等遇湿自燃金属粉尘收集、堆放、储存场所未采取防水、防潮措施。

（十）未落实粉尘清理制度，造成作业现场积尘严重的。

【解读】

判定情形：

未制定粉尘清理制度，或者未按照清理制度要求及时清理粉尘，造成作业现场积尘严重。

第十二条　使用液氨制冷的工贸企业有下列情形之一的，应当判定为重大事故隐患：

（一）包装、分割、产品整理场所的空调系统采用氨直接蒸发制冷的。

【解读】

判定情形：

（1）包装间、分割间、产品整理间的空调系统采用氨直接蒸发制冷。

（2）氨直接蒸发制冷的冷藏库、穿堂、封闭站台，作为加工、分拣、包装作业场所进行使用。

（二）快速冻结装置未设置在单独的作业间内，或者快速冻结装置作业间内作业人员数量超过9人的。

【解读】

1. 说明：

"单独的作业间"是指仅设置快速冻结装置和物料输送装置，采用有效隔离措施防止氨气扩散的独立作业区域。

2. 判定情形：

（1）快速冻结装置未设置在单独的作业间内。

（2）快速冻结装置设置在单独的作业间内，但是单独作业间内作业人员数量超过9人。

第十三条　存在硫化氢、一氧化碳等中毒风险的有限空间作业的工贸企业有下列情形之一的，应当判定为重大事故隐患：

（一）未对有限空间进行辨识、建立安全管理台账，并且未设置明显的安全警示标志的。

【解读】

1. 说明：

"存在硫化氢、一氧化碳等中毒风险的有限空间"是指可能存在硫化氢、一氧化碳、磷化氢、氰化氢等有毒气体，容易发生中毒事故的污水处理设施、纸浆池、腌制池、发酵池等有限空间。

2. 判定情形：

未对存在硫化氢、一氧化碳等中毒风险的有限空间进行辨识、建立安全管理台账，也未在有限空间设置明显的安全警示标志。

（二）未落实有限空间作业审批，或者未执行"先通风、再检测、后作业"要求，或者作业现场未设置监护人员的。

【解读】

判定情形：

（1）有限空间作业前，未进行有限空间作业审批。

（2）有限空间作业前，未进行通风和气体浓度检测，或者在有毒气体浓度检测不合格的情况下开展有限空间作业。

（3）有限空间作业现场未设置专门的监护人员，或者监护人员进入有限空间参与有限空间作业，或者监护人员未全程监护。

第十四条 本标准所列情形中直接关系生产安全的监控、报警、防护等设施、设备、装置，应当保证正常运行、使用，失效或者无效均判定为重大事故隐患。

【解读】

由于检测、维护、保养不到位，或者通过关闭、破坏、篡改等方式，造成本标准所列情形中直接关系生产安全的监控、报警、防护等设施、设备、装置，处于未通电、未启用、未联锁、数据失真等不能正常运行、使用的状态，均判定为重大事故隐患。

第十五条 本标准自 2023 年 5 月 15 日起施行。《工贸行业重大生产安全事故隐患判定标准（2017 版）》（安监总管四〔2017〕129 号）同时废止。